Hopmann, Michaeli, Greif, Ehrig

Technologie des Spritzgießens

Christian Hopmann
Walter Michaeli
Helmut Greif
Frank Ehrig

Technologie des Spritzgießens

Lern- und Arbeitsbuch

4., aktualisierte Auflage

HANSER

Die Autoren:

Univ.-Prof. Dr.-Ing. Christian Hopmann, Institut für Kunststoffverarbeitung (IKV), Aachen
Prof. Dr.-Ing. Dr.-Ing. E. h. Walter Michaeli, ehemals Institut für Kunststoffverarbeitung (IKV), Aachen
Dr. (phil.) Dipl.-Ing. Helmut M. Greif M. A., AGIT GmbH, Aachen
Prof. Dr.-Ing. Frank Ehrig, HSR Hochschule für Technik Rapperswil, Rapperswil

FSC www.fsc.org
MIX
Papier aus verantwortungsvollen Quellen
FSC® C083411

Bibliografische Information der Deutschen Nationalbibliothek:

Die Deutsche Nationalbibliothek verzeichnet diese Publikation in der Deutschen Nationalbibliografie; detaillierte bibliografische Daten sind im Internet über <http://dnb.ddb.de> abrufbar.

Vilshofener Straße 10 | 81679 München | info@hanser.de
www.hanser-fachbuch.de
Herstellung: Jörg Strohbach
Coverconcept: Marc Müller-Bremer, www.rebranding.de, München
Coverrealisierung: Stephan Rönigk
Satz: Kösel, Krugzell
Druck und Bindung: CPI Books GmbH, Leck
Printed in Germany

ISBN: 978-3-446-45042-4
E-Book-ISBN: 978-3-446-45296-1

Inhalt

Vorwort zur 4. Auflage

Dieses Buch hat vorzügliche Resonanz bei seinen Lesern gefunden. Ihnen allen sei hierfür herzlich gedankt. Gedankt sei auch für die Anregungen zur weiteren Verbesserung dieses Buches, welche gerne aufgegriffen und in diese überarbeitete Auflage eingearbeitet wurden. Seit dem Erscheinen der letzten Auflage im Jahre 2009 haben sich einige neue und innovative Spritzgießsonderverfahren, wie die Projektilinjektionstechnik, in der Praxis durchsetzen können, sodass über diese nun als „Stand der Technik" berichtet werden kann und sie daher auch zu Recht Aufnahme in dieses Buch für den Praktiker gefunden haben.

Herzlich bedanke ich mich bei meinen Mitarbeiterinnen und Mitarbeitern und besonders bei Herrn Dipl.-Ing. Leo Wolters, Leiter der Abteilung Ausbildung/Handwerk, am IKV sowie bei Frau Ulrike Wittmann vom Carl Hanser Verlag für ihre tatkräftige Hilfe bei der Überarbeitung dieses Buches.

Dem Carl Hanser Verlag sei gedankt für die stets vorzügliche Kooperation bei diesem und vielen weiteren gemeinsamen Projekten.

Christian Hopmann, Februar 2017

Die Autoren

Univ.-Prof. Christian Hopmann

Seit April 2011 ist Prof. Christian Hopmann Leiter des Instituts für Kunststoffverarbeitung (IKV) in Industrie und Handwerk an der RWTH Aachen. Er studierte Maschinenbau mit der Vertiefungsrichtung Kunststofftechnik an der RWTH Aachen und promovierte 2000 bei Prof. Walter Michaeli. 2005 wechselte Hopmann in die Industrie und trat bei der RKW AG Rheinische Kunststoffwerke (heute: RKW SE) ein. Von Januar 2010 bis zu seinem Wechsel an das IKV war er Managing Director der RKW Sweden AB in Helsingborg/Schweden. 2014 wurde er für die Entwicklung der Spaltimprägniertechnologie für faserverstärkte Kunststoffe mit dem NRW-Innovationspreis ausgezeichnet.

Prof. Walter Michaeli

Prof. Walter Michaeli verabschiedete sich 2011 nach 23 überaus erfolgreichen Jahren als Institutsleiter am IKV und nach Erreichen der Altersgrenze in den Ruhestand. Michaeli studierte Fertigungstechnik an der RWTH Aachen, nach über acht Jahren Industrietätigkeit übernahm er 1988 als Direktor die Leitung des IKV. Er war Mitglied in mehreren bedeutenden wissenschaftlichen Akademien und in der Jury des Deutschen Zukunftspreises. Für seine Entwicklung einer innovativen Wasserinjektionstechnik beim Spritzgießen von Kunststoffen erhielt Prof. Michaeli im Jahr 2002 den Otto von Guericke-Preis der AiF.

Dr. Helmut Greif

Dr. Greif arbeitete nach seinem Studium des Maschinenbaus sowie der Soziologie/Politologie/Erziehungswissenschaft in Aachen als wissenschaftlicher Mitarbeiter am Institut für Kunststoffverarbeitung (IKV) in Aachen, u.a. als pädagogischer Leiter des Demonstrationszentrums für Faserverbundkunststoffe. Seine Themen waren Technikentwicklung und Qualifikationsentwicklung sowie Arbeitsorganisation und Berufsbildung. Nach vielen Stationen in der Industrie und Wirtschaft als Fabrikplaner und Unternehmensberater (SMART-Fabrik), als Leiter der Dr. Reinold Hagen Stiftung, die ein Bildungs- und Kunststoffzentrum in Bonn betreibt, war er Leiter des HPI (Heinz-Piest-Institut) an der Universität Hannover. Zuletzt bis zu seinem Abschied Mitte 2016 war er Geschäftsführer der Aachener Gesellschaft für Innovation und Technologietranfer (AGIT). Er war Mitglied in vielen Jurys zur Innovation und Berusfsbildung.

Prof. Frank Ehrig

Seit April 2005 ist Prof. Frank Ehrig Leiter des IWK Instituts für Werkstofftechnik und Kunststoffverarbeitung an der HSR Hochschule für Technik Rapperswil, Rapperswil, Schweiz. Er studierte Maschinenbau mit der Vertiefungsrichtung Kunststofftechnik an der RWTH Aachen und promovierte 1998 am IKV bei Prof. Edmund Haberstroh. Anschließend wurde er zum Abteilungsleiter Spritzgießen/Polyurethantechnik am IKV berufen. 2000 wechselte Ehrig in die Industrie und trat in die Weidmann Plastics Technology AG, Rapperswil, ein. Bis zu seinem Wechsel an die HSR war er dort Leiter Technische Entwicklung für den Bereich Automotive.

Arbeiten mit dem Lernbuch „Technologie des Spritzgießens“

Einführung

Das Spritzgießen ist das bedeutendste Verfahren zur Herstellung von Kunststoffbauteilen. Das vorliegende Lernbuch und Arbeitsbuch führt in dieses Verarbeitungsverfahren ein.

Lektionen

Das Lernbuch „Technologie des Spritzgießens“ ist in Lerneinheiten unterteilt, die als Lektionen bezeichnet werden. Jede Lektion umfasst einen geschlossenen Themenkreis. Die einzelnen Lektionen sind so angelegt, dass sie vom Lernenden in einer Lernsequenz, also in einem Lernschritt, bearbeitet werden können.

Leitfragen

Die Leitfragen zu Beginn einer jeden Lektion sollen dem Lernenden helfen, mit bestimmten Fragen an den Lernstoff heranzugehen. Nachdem er die Lektion durchgearbeitet hat, soll er diese Leitfragen beantworten können.

Vorwissen

Die Lektionen müssen nicht in einer bestimmten Reihenfolge bearbeitet werden. Jede Lektion ist deshalb mit einer Auflistung versehen, aus der hervorgeht, welche anderen Lektionen oder Inhalte zum Verstehen der vorliegenden Lektion wichtig sind.

Erfolgskontrollen

Die Erfolgskontrollen am Ende einer jeden Lektion dienen dazu, das erarbeitete Wissen zu überprüfen. Von der vorgegebenen Anwortauswahl ist die richtige Antwort auszuwählen und in den im Text vorgesehenen unterstrichenen Freiraum (______________) einzutragen. Die Richtigkeit der Antworten kann mithilfe der Lösungen, die am Ende des Buches zu finden sind, überprüft werden. Falls die ausgewählte Antwort falsch ist, sollte der entsprechende Sachverhalt ein weiteres Mal durchgearbeitet werden.

Beispiel: „Optische Datenträger“ (CD, CD-ROM, DVD, Blue-Ray-Disk)

Um die Ausführungen in diesem Buch anschaulicher zu gestalten und den gedanklichen Zusammenhang zwischen den Lektionen zu verdeutlichen, wurde als Beispiel ein bekanntes Produkt gewählt, dessen Herstellung aus Kunststoff einerseits besondere Anforderungen an die Spritzgießtechnik stellt, andererseits aber überhaupt erst die weite Verbreitung dieses Formteils ermöglicht. Der optische Datenträger ist damit ein typisches, hochwertiges Produkt aus Kunststoff. Er findet sich in vielen Lektionen wieder. Es werden Fragen geklärt, wie beispielsweise der richtige Kunststoff für ein Formteil ausgewählt wird oder welche Möglichkeiten der Wiederverwertung (Recycling) von Kunststoffteilen bestehen.

Anhang

Der Anhang liefert für den interessierten Leser ergänzendes Material zu den Kunststoffen. Anhand der ausgewählten Literaturliste kann er sich über weiterführende Fachliteratur informieren. Das Glossar soll zu einem einheitlichen Verständnis der verwendeten Begriffe beitragen, es kann auch als eine Art Kurz-Lexikon verwendet werden. Die Informationen zum Berufsbild des Verfahrensmechanikers Kunststoff und Kautschuk bieten die Möglichkeit, sich genauer über die Aufgaben dieses industriellen Kunststoffberufes, insbesondere der Fachrichtung Spritzgießen, zu informieren. Hier werden auch die Weiterbildungsmöglichkeiten und Aufstiegschancen in diesem Berufsbereich angesprochen.

Abkürzungen und Kurzzeichen

ABS	Acrylnitril-Butadien-Styrol (amorphes Copolymer)
BG	Berufsgenossenschaft
BR	Polybutadien (Allzweckkautschuk; Butadien-Rubber)
CAD	Computer Aided Design (rechnerunterstütztes Konstruieren)
CAE	Computer Aided Engineering (rechnerunterstütztes Entwickeln)
CAM	Computer Aided Manufacturing (rechnergestützte Fertigung)
CAQ	Computer Aided Quality (rechnerunterstützte Qualität)
CFK	kohlenstofffaserverstärkter Kunststoff (Verbundwerkstoff aus Kohlenstofffasern (CF) mit einer polymeren Matrix)
CIM	Computer Integrated Manufacturing (rechnerintegrierte Fertigung)
CNC	Computerized Numerical Control (rechnerkontrollierte Maschinensteuerung)
CR	Polychloropren (Spezialkautschuk).
DGQ	Deutsche Gesellschaft für Qualität
DIN	Deutsche Norm
DIN EN	Deutsche Fassung der für ganz Europa gültigen Norm
DIN EN ISO	International Standard Organisation (weltweitgültige Norm)
DV	Datenverarbeitung (früher gebräuchlich: EDV = Elektronische Datenverarbeitung)
EG	Europäische Gemeinschaft (siehe auch EU)
EPDM	Ethylen-Propylen-Dien-Terpolymere (Synthesekautschuk der „Methylen"-Reihe)
EU	Europäische Union (siehe auch EG)
FFS	Flexible Fertigungssysteme (mehrere Flexible Fertigungszellen (FFZ))
FFZ	Flexible Fertigungszelle (Grundeinheit einer flexiblen Fertigung)
GFK	glasfaserverstärkte Kunststoffe (Verbundwerkstoffe aus Glasfasern (GF) und einer polymeren Matrix)
GIT	Gasinjektionstechnik
GG	Grundgesetz
JIS	Just In Sequence

JIT	Just In Time
PA	Polyamid (teilkristalliner Thermoplast)
PBT	Polybutylenterephthalat (teilkristalliner Thermoplast)
PC	Polycarbonat (amorpher Thermoplast)
PE	Polyethylen (teilkristalliner Thermoplast)
PEEK	Polyetheretherketon (teilkristalliner Thermoplast, hochtemperaturbeständig)
PES	Polyethersulfon (amorpher Thermoplast)
PET	Polyethylenterephthalat (teilkristalliner Thermoplast)
PIT	Projektil-Injektionstechnik
POM	Polyoxymethylen (teilkristalliner Thermoplast), auch Polyacetal genannt
PP	Polypropylen (teilkristalliner Thermoplast)
PS	Polystyrol (amorpher Thermoplast)
PUR	Polyurethan (je nach chemischer Reaktion der Ausgangskomponenten: amorpher Thermoplast/Elastomer/Duroplast)
PVC	Polyvinylchlorid (amorpher Thermoplast)
QS	Qualitätssicherung
QM	Qualitätsmanagement
QMS	Qualitätsmanagementsystem
SBR	Styrol-Butadien-Kautschuk (Allzweckkautschuk)
SG	Spritzgießen
SPC	Statistical Process Control
TSG	Thermoplastschaumspritzgießen
UMS	Umweltmanagementsystem
UVV	Unfallverhütungsvorschriften (siehe auch VBG)
VBG	Verordnung der Berufsgenossenschaft (siehe auch UVV)
VDA	Verband der deutschen Automobilindustrie
WIT	Wasserinjektionstechnik
WZM	Werkzeugmaschine

Spritzgießen – ein ideales Fertigungsverfahren

Leitfragen

Was ist Spritzgießen?
Wozu wird Spritzgießen eingesetzt?
Was sind die Hauptmerkmale einer Spritzgießmaschineneinheit?

Inhalt

Spritzgießen - ein industrielles Fertigungsverfahren
Spritzgießen - ein diskontinuierlicher Einstufenprozess
Spritzgießen - Spritzgießmaschine und Spritzgießwerkzeug

Spritzgießen – ein industrielles Fertigungsverfahren

Innerhalb der Kunststoffverarbeitungstechnologien ist das Spritzgießen das bedeutendste Fertigungsverfahren. Durch die digitale Vernetzung aller Produktionsprozesse wird dieses Fertigungsverfahren nicht nur für die Serienfertigung eingesetzt.

bedeutendstes Verarbeitungsverfahren für Kunststoffe

Die ersten Spritzgießmaschinen waren Kolbenmaschinen. Der Kunststoff wurde in einem beheizten Zylinder erwärmt und mittels eines Kolbens in die Form eingespritzt. Dieser Maschinentyp findet sich heute nahezu nicht mehr und wird daher in diesem Buch nicht behandelt.

Kolbenmaschinen

Moderne Spritzgießmaschinen arbeiten meist nach dem Schneckenprinzip. In einem Zylinder wird die Formmasse mittels Heizbänder und Reibungswärme, die durch die rotierende Schnecke erzeugt wird, aufgeschmolzen. Beim Einspritzvorgang wird die Schneckenrotation gestoppt und die Schnecke wirkt als Kolben. Die Schnecke hat also

Schneckenprinzip

die Funktionen Fördern, Mischen und Einspritzen zu erfüllen. Bei der Verarbeitung von Elastomeren werden oft getrennte Plastifizierschnecken und Einspritzkolben eingesetzt.

Thermoplaste

Die bedeutendste Kunststoffgruppe, die beim Spritzgießen verarbeitet wird, sind die Thermoplaste. Typische Spritzgussteile aus thermoplastischen Kunststoffen sind Radkappen und Stoßstangen von Pkws, Zahnräder in Küchenmaschinen, Schraubverschlüsse und Schraubdeckel, Bierkästen, Gehäuse und Kugelschreiber.

Compact Disc (CD)

Auch viele optische Speichermedien, wie die Compact-Disc (CD), werden im Spritzgießverfahren hergestellt. Hier kommt der thermoplastische Werkstoff Polycarbonat (PC) zur Anwendung.

vernetzte Polymere

Eine weitere wichtige Werkstoffgruppe sind die vernetzenden Kunststoffe, die je nach ihrem Vernetzungsgrad in die Untergruppen Elastomere und Duroplaste unterteilt werden.

Elastomere

Schwach vernetzte Kunststoffe nennt man Elastomere. Typische Elastomerformteile, die im Spritzgießverfahren hergestellt werden, sind Faltenbälge, Dämpferelemente in Pkw, Dichtungen sowie Formschläuche.

Duroplaste

Duroplaste, also stark vernetzte Kunststoffe, werden ebenfalls im Spritzgießverfahren verarbeitet. Sie werden unter anderem im Automobilbereich eingesetzt. Ein weiteres wichtiges Anwendungsgebiet für Duroplastbauteile findet sich in der Elektroindustrie. Hier werden die nichtleitenden Eigenschaften von Kunststoffen und die Wärmebeständigkeit von Duroplasten zum Auswahlkriterium für den Einsatz dieser Werkstoffgruppe.

Spritzgießen – ein diskontinuierlicher Einstufenprozess

Urformverfahren

Nach DIN 8580 werden die Fertigungsverfahren in 6 Hauptgruppen unterteilt. Das Spritzgießen ist der Hauptgruppe 1, dem Urformen zugeordnet. Es eignet sich insbesondere für Massenartikel, da der Rohstoff in meist einem Arbeitsgang in ein Fertigteil umgewandelt wird. Die Nacharbeit ist gering bzw. kann ganz entfallen und selbst komplizierte Formen und Konturen können in einem Arbeitsgang gefertigt werden.

ideales Verfahren

Deshalb ist das Spritzgießen ein ideales Fertigungsverfahren. Dies gilt jedoch mit der Einschränkung, dass große Stückzahlen gefertigt werden, denn das Spritzgießwerkzeug ist nicht universell einsetzbar.

Aus der Urformtechnologie resultiert der Zusammenhang, dass das Werkzeug nur für ein Formteil eingesetzt werden kann. Für jede neue Formteilgeometrie muss ein neues Werkzeug hergestellt werden.

Fertigungsprozess

Der Fertigungsprozess läuft für thermoplastische Kunststoffe wie folgt ab:

- Über den Trichter auf der Maschine wird das Material eingefüllt.
- Im beheizten Zylinder wird das Material durch die rotierende Schnecke weitertransportiert, aufgeschmolzen und durchmischt.

- Anschließend wird die aufgeschmolzene Formmasse unter hohem Druck in das Werkzeug eingespritzt.
- Die Formmasse kühlt im temperierten Werkzeug ab und gewinnt somit die für die Entformung notwendige Formstabilität.
- Das Formteil wird nun entformt, ein neuer Spritzgießzyklus kann beginnen.

Die Teile, die beim Spritzgießen hergestellt werden, können eine sehr hohe Genauigkeit haben, die bis zu 1/100 mm betragen und in Spezialanwendungen sogar darüber hinaus gehen kann.

hohe Genauigkeit

Bei der Compact Disc sind die gespeicherten Informationen als kleinste Vertiefungen in die Oberfläche eingelassen. Diese Vertiefungen, die beim Spritzgießprozess direkt abgebildet werden, sind nur wenige Mikrometer (10^{-6} m) breit und tief.

CD

Spritzgießen – Spritzgießmaschine und Spritzgießwerkzeug

Zum Spritzgießen benötigt man zwei Hauptbausteine:

Hauptbausteine

- die Spritzgießmaschine und
- das Spritzgießwerkzeug.

Die Spritzgießmaschine wird wiederum unterteilt in die folgenden Komponenten:

Spritzgießmaschine

- die Plastifizier- und Spritzeinheit,
- die Schließeinheit,
- die Steuerung (Hydraulik, Elektrik).

Für unterschiedliche Spritzgussteile benötigt man unterschiedliche Werkzeuge. Zur Produktion eines anderen Teils muss somit das komplette Werkzeug gewechselt werden.

Werkzeug

Im Spritzgießverfahren können Formteile aus Kunststoff vollautomatisch und in hohen Stückzahlen, wirtschaftlich hergestellt werden (zum Beispiel Haushaltsgeräte, bestimmte Baugruppen im Automobilbereich, CD, Medizintechnik).

wirtschaftliche Fertigung

Sollen Teile, die bislang aus klassischen Werkstoffen wie Holz oder Metall gefertigt wurden, im Spritzgießverfahren hergestellt werden, so müssen die besonderen Merkmale der Kunststoffe und die Besonderheiten des Fertigungsverfahrens Spritzgießen berücksichtigt werden. Diese kunststoffgerechte Vorgehensweise verlangt ein grundsätzliches Verständnis des Herstellungsverfahrens sowie des Werkstoffverhaltens. Mit diesem Buch soll ein erster einführender Überblick über das Thema Spritzgießen gegeben werden.

Besonderheiten

Wir wollen dabei ein seit langer Zeit etabliertes Spritzgussteil auf seinem Weg verfolgen vom Ausgangsmaterial, dem anforderungsgerechten Werkstoff, über seine Herstellung im Spritzgießverfahren, seinem Gebrauch bis hin zu den Recyclingmöglichkeiten. Dieses Teil wird die Compact-Disc (CD) sein, die als bewährtes High-Tech-Produkt

Compact-Disc (CD)

besonders geeignet ist, die moderne Kunststoffverarbeitung und die Spritzgießtechnologie als Beispiel zu begleiten. Das folgende Bild zeigt eine CD mit ihren Abmessungen.

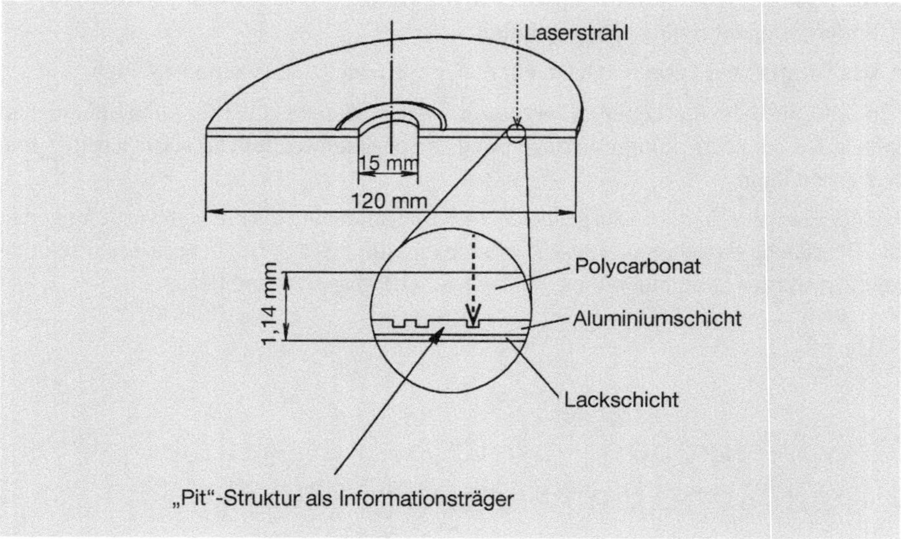

Bild 1 Compact-Disc (CD) und deren Abmessungen

Die modernen Geschwister der CD, beispielsweise die DVD (Digital Versatile Disc), die HD-DVD oder die sogenannte BluRay-Disc werden nicht im klassischen Spritzgießverfahren hergestellt. Durch den mehrschichtigen Aufbau müssen deutlich dünnere Scheiben spritzgeprägt (vgl. Abschnitt 11.3) werden, die in einem weiteren Schritt miteinander verklebt werden.

1 Lektion Grundlagen der Kunststoffe

Leitfragen

Welche Arten von Kunststoffen gibt es?

Wie verhalten sich Kunststoffe unter Wärmeeinfluss?

Wie verändert sich die Schmelzeviskosität mit der Temperatur?

Welche Kunststoffe werden im Spritzgießen verwandt?

Inhalt

1.1 Einteilung und Bezeichnung der Kunststoffe

Polymere

Als Kunststoffe werden synthetische organische Polymere bezeichnet, die aus niedermolekularen organischen Verbindungen (Ethylen, Styrol, Vinylchlorid) hergestellt werden. Auch natürliche makromolekulare Stoffe sind Basis für die Herstellung von Kunststoffen (z. B. Naturkautschuk, Zellulose, Proteine).

Syntheseverfahren

Die Syntheseverfahren zur Herstellung von Kunststoffen sind die

- Polymerisation,
- Polyaddition und
- Polykondensation.

Kunststoffe besitzen unterschiedliche Materialeigenschaften, die auf ihr Verhalten beim Verarbeiten, wie zum Beispiel dem Spritzgießen, entscheidenden Einfluss haben.

Gruppen

Man unterscheidet drei große Gruppen von Kunststoffen, die in Bild 1.1 aufgeführt und mit Beispielen belegt sind.

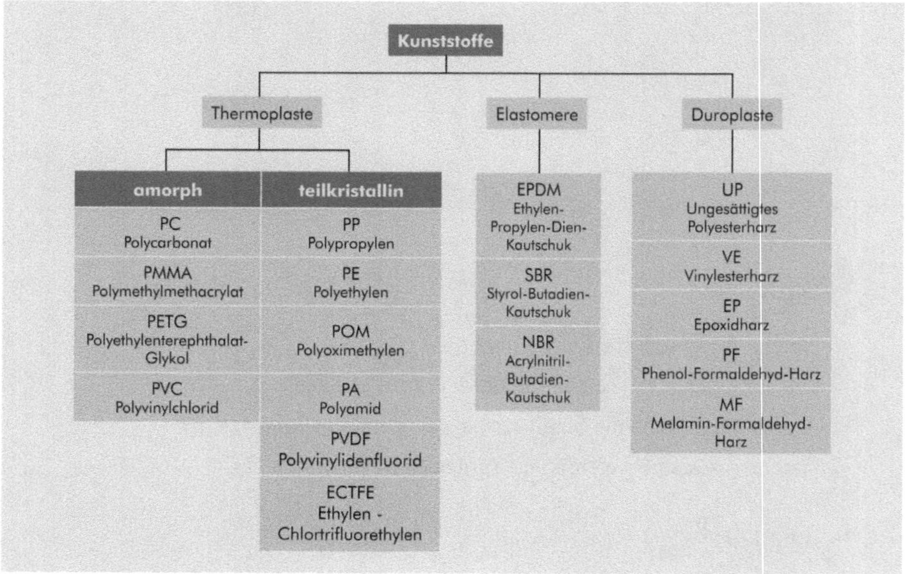

Bild 1.1 Einteilung der Kunststoffe

Thermoplaste

Thermoplaste (thermos = warm; plasso = bilden, bildsam) sind schmelzbare Kunststoffe. Sie können mehrfach wieder eingeschmolzen werden. Sie sind in vielen Lösungsmitteln löslich oder zumindest quellbar. Sie sind weiter bei Raumtemperatur zähweich bis hartzäh oder hartspröde. Thermoplaste machen mengenmäßig den größten Kunststoffanteil aus.

amorpher/teilkristalliner Thermoplast

Man unterscheidet zwischen amorphen (amorph = ungeordnet) Thermoplasten, die im molekularen Ordnungszustand dem Glas ähneln, und teilkristallinen Thermoplasten, die ein milchig-opakes Aussehen haben. Wenn ein Kunststoff durchsichtig wie Glas ist, kann man mit ziemlicher Sicherheit sagen, dass es sich hierbei um einen amorphen Thermoplasten handelt.

CD-Hülle

Zur Verpackung der CD gibt es unterschiedliche Behältnisse aus unterschiedlichen Materialien. Die am meisten verbreitete Hülle für die CD ist aus Kunststoff (die sogenannte Jewel-Box). Der Deckel der Hülle einer CD wird aus einem amorphen Kunststoff hergestellt, denn er soll ja durchsichtig sein, um das Titelverzeichnis lesen zu können. Wenn die Hülle farbig werden soll, kann man auch den durchsichtigen Werkstoff sehr leicht einfärben. Der Kunststoff, aus dem die CD hergestellt ist, ist auch glasklar und damit durchsichtig. Die CD wird von einer Seite jedoch mit einer Reflexionsschicht bedampft – meistens Aluminium, aber auch Gold kommt zur Anwendung – und dann bedruckt. Die Aluminiumschicht bzw. die Goldschicht wirkt wie ein Spiegel, sodass der Laserstrahl nicht durch die CD hindurch geht, sondern reflektiert wird (Bild 1.2).

Bild 1.2 Die Compact Disc und ihre Verpackung (Quelle: Fa. Netstal)

Elastomere (elastisch = federnd; meros = Teil) sind nicht schmelzbar, unlöslich, aber quellbar. Sie sind räumlich weitmaschig vernetzt und deshalb bei Raumtemperatur in elastisch-weichem Zustand. Beispiele für Elastomerformteile sind Dichtungen, Faltenbälge oder Reifen. Einen Sonderfall in der Gruppe der Elastomere stellt der Naturkautschuk (NR) dar, der aus dem Saft (Latex) tropischer Bäume gewonnen wird. Elastomere

Duroplaste (durus = hart) sind hart und in allen Raumrichtungen engmaschig vernetzt. Sie sind nicht plastisch verformbar, nicht schmelzbar und dabei sehr temperaturbeständig. Weil Duroplaste, die auch (weniger korrekt) als Duromere bezeichnet werden, räumlich sehr dicht vernetzt sind, sind sie unlöslich und nur sehr schwer quellbar. Bei Raumtemperatur sind sie hart und spröde. Steckdosen werden zum Beispiel aus Duroplasten hergestellt, weil hier die Temperaturbeständigkeit eine große Rolle spielt. Thermoplaste erreichen nur als teure Spezialwerkstoffe diese Wärmebeständigkeit. Duroplaste (Duromere)

Nach DIN 7728 werden Kunststoffe mit festgelegten Zeichenfolgen (Kurzzeichen) gekennzeichnet, die auf ihren chemischen Aufbau schließen lassen. Zusätzliche Buchstaben (Codes) kennzeichnen die Verwendung, Füllstoffe und Grundeigenschaften wie Dichte oder Viskosität. Ein Beispiel ist in Tabelle 1.1 gegeben. DIN 7728

Tabelle 1.1 Bezeichnung eines Kunststoffs (DIN 7728)
L = low (engl. = niedrig), D = density (engl. = Dichte)

Bezeichnung des Kunststoffs
PE – HD
Stoffname
Polyethylen hoher Dichte
Kurzzeichen des Polymergrundproduktes
PE = Polyethylen
Code – Buchstaben der zusätzlichen Eigenschaften
H = hoher (1. Kennbuchstabe für besondere Eigenschaften) **D = Dichte** (3. Kennbuchstabe für besondere Eigenschaften)

1.2 Formänderungsverhalten von Kunststoffen

Zustandsbereiche von Thermoplasten

Kunststoffe zeigen bei Erwärmung ein unterschiedliches Verhalten. Es ist von verschiedenen Faktoren, wie zum Beispiel dem chemischen Aufbau der Moleküle oder von der Art der zwischenmolekularen Bindungskräfte, abhängig.

plastischer Zustand

Spritzgießen ist ein Urformverfahren. Das heißt, der Kunststoff muss sich in einem plastischen Zustand befinden, damit er verarbeitet werden kann. Diesen Verarbeitungszustand bezeichnet man als zähviskoses Fließen. Der Kunststoff liegt in den meisten Fällen als Granulat, manchmal auch als Pulver vor und wird durch Erwärmung in den plastischen Zustand überführt, der die anschließende Formgebung ermöglicht.

Formänderungsverhalten

Das Verhalten von Kunststoffen bei Erwärmung, das man als Formänderungsverhalten bezeichnet, soll nun am Beispiel eines amorphen Thermoplasten (Bild 1.3) gezeigt werden.

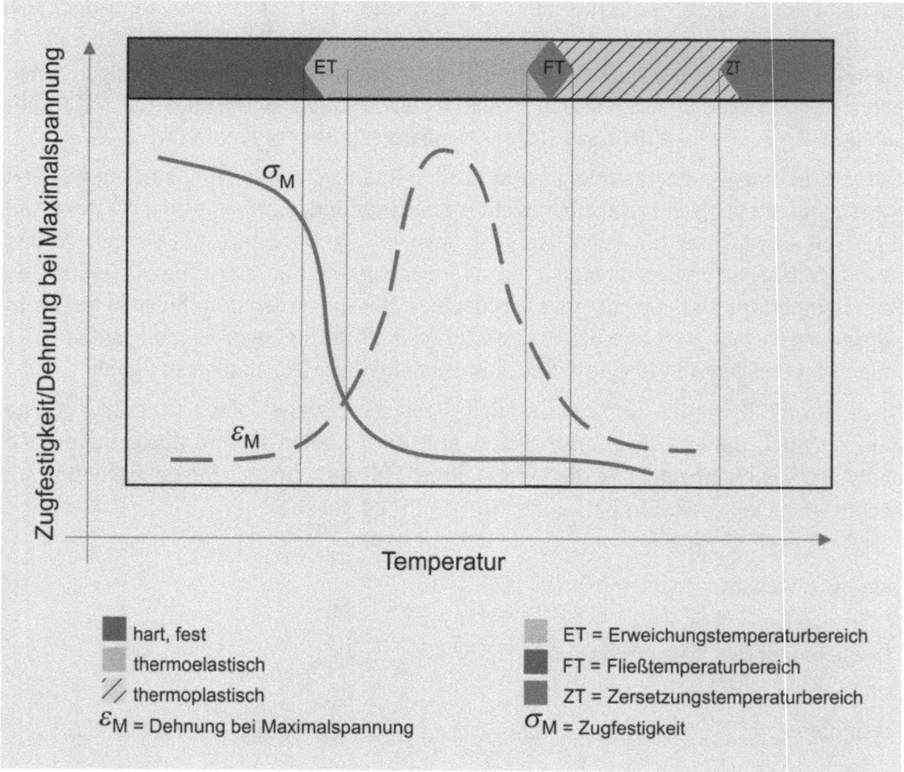

Bild 1.3 Formänderungsverhalten amorpher Thermoplaste

Der Kunststoff liegt bei Raumtemperatur als harter Werkstoff vor. Die einzelnen Makromoleküle halten sich gegenseitig durch die zwischenmolekularen Kräfte, da sich die Makromoleküle kaum bewegen. Steigt nun die Temperatur, bewegen sich die Makromoleküle immer stärker. Die Festigkeit des Werkstoffs sinkt, gleichzeitig steigt seine Dehnbarkeit und damit die Zähigkeit an.

Temperatureinfluss

Nach Überschreiten des Erweichungstemperaturbereich (ET) sind die zwischenmolekularen Kräfte so klein geworden, dass die Makromoleküle bei Einwirkung äußerer Kräfte voneinander abgleiten können. Die Festigkeit fällt steil ab, während die Dehnung sprunghaft ansteigt. In diesem Temperaturbereich befindet sich der Kunststoff in einem kautschuk- oder thermoelastischen Zustand.

ET = Erweichungstemperaturbereich

Bei weiterer Temperaturerhöhung werden die zwischenmolekularen Kräfte fast ganz aufgehoben. Der Kunststoff geht kontinuierlich vom thermoelastischen in den thermoplastischen bzw. Schmelzezustand über. Dieser Übergang wird durch den Fließtemperaturbereich (FT) charakterisiert. Es handelt sich hierbei nicht um eine exakt angebbare Temperatur. Urformverfahren - wie das Spritzgießen - finden im thermoplastischen Bereich statt.

FT = Fließtemperaturbereich

Bei weiterem Erhitzen wird der Kunststoff oberhalb der Zersetzungstemperatur (ZT) zerstört.

ZT = Zersetzungstemperatur

Das Formänderungsverhalten eines teilkristallinen Thermoplasten ist in Bild 1.4 zu sehen.

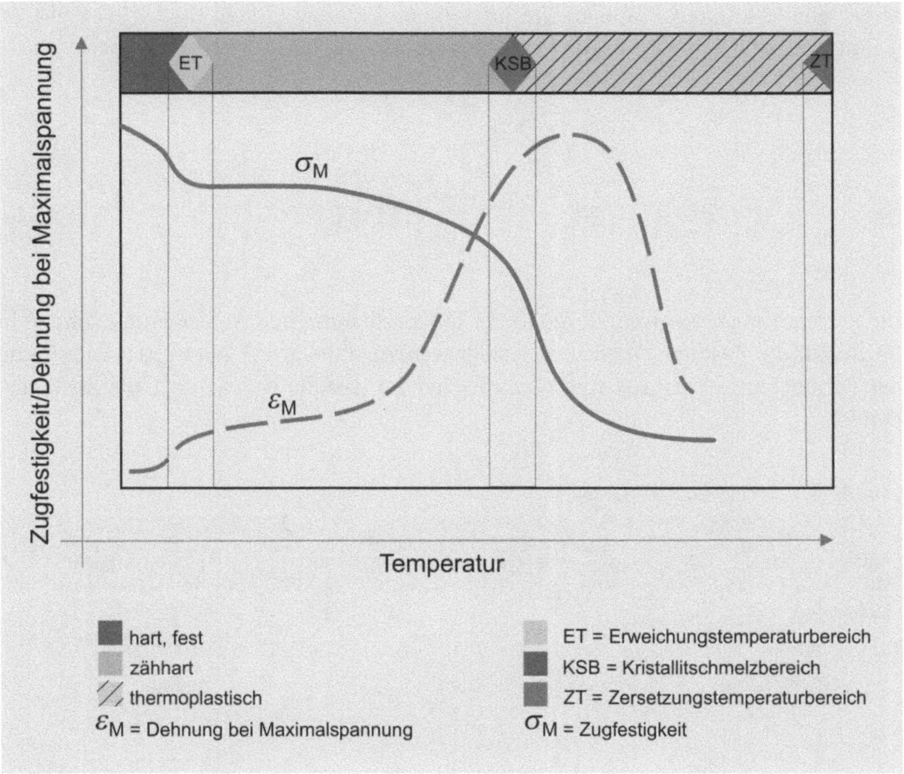

Bild 1.4 Formänderungsverhalten teilkristalliner Thermoplaste

Kristallitschmelztemperatur

Im Unterschied zum amorphen Thermoplasten liegen beim teilkristallinen Thermoplasten quasi zwei Zustände nebeneinander vor. Zum einen ist das der kristalline Bereich, in dem die Moleküle eng und geordnet gepackt sind, zum anderen der amorphe Bereich, in dem die Moleküle weiter voneinander entfernt und ungeordnet sind. Die zwischenmolekularen Kräfte, die den kristallinen Bereich zusammenhalten, sind wesentlich größer als die des amorphen Bereichs. Oberhalb des Erweichungstemperaturbereich (ET) des amorphen Gefügeanteils erweichen die amorphen Anteile des Kunststoffs. Die kristallinen Bereiche des Kunststoffs schmelzen nach Überschreiten des Kristallitschmelztemperaturbereich (KSB).

Im Bereich zwischen Erweichungstemperaturbereich (ET) und Kristallitschmelztemperaturbereich (KSB) besitzt der teilkristalline Thermoplast eine hohe Festigkeit und eine gute Zähigkeit.

Die Erweichungstemperaturen der amorphen Bereiche üblicher teilkristalliner Kunststoffe liegen weit unterhalb der Raumtemperatur. Im Gebiet des praktischen Einsatzes, also bei Raumtemperatur und darüber, sind die meisten teilkristallinen Thermoplaste daher gleichzeitig zäh und fest. Beim Überschreiten des Kristallitschmelztemperaturbereichs (KSB) fällt die Festigkeit steil ab, während die Dehnung ihren höchsten Wert (thermoelastischer Bereich) erreicht, dann aber plötzlich steil abfällt, wenn der Zusammenhalt in den kristallinen Bereichen wegen der hohen Temperatur völlig aufgehoben ist.

Formänderungsverhalten

Dieses unterschiedliche Formänderungsverhalten von amorphen und teilkristallinen Thermoplasten ist auf ihre unterschiedliche molekulare Struktur zurückzuführen. Die zwischenmolekularen Kräfte, die im kristallinen Zustand wirken, sind, wie bereits erwähnt, wesentlich größer als die Kräfte des amorphen Zustandes.

1.3 Formmasse und Formgebungsverfahren

Die Formgebungsverfahren für die Kunststoffbearbeitung und -verarbeitung können in Bezug auf die Zustandsbereiche unterteilt werden. Tabelle 1.2 zeigt diese Zuordnung der Formgebungsverfahren thermoplastischer Kunststoffe bezogen auf die Zustandsbereiche.

Tabelle 1.2 Formgebungsverfahren

Formungstechnik	Zustandsbereich		
	fest	thermoelastisch	thermoplastisch
Urformen			Spritzgießen Extrudieren Gießen Kalandrieren Pressen

Formungstechnik	Zustandsbereich		
	fest	thermoelastisch	thermoplastisch
Umformen		Abkanten/Biegen Prägen/Rändeln Streckziehen Thermoformen Kombinierte Verfahren	
Trennen	Bohren Drehen Fräsen Hobeln Sägen Schneiden Schleifen		
Fügen	Schrauben Nieten Kleben		Schweißen

Das Spritzgießen gehört zu den Urformverfahren und findet im thermoplastischen Zustandsbereich, also oberhalb des Erweichungstemperaturbereich (ET) bzw. oberhalb des Kristallitschmelztemperaturbereich (KSB) und unterhalb der Zersetzungstemperatur (ZT), statt. Spritzgießen

Die Formmasse, auch Spritzgussmasse genannt, bezeichnet das Rohmaterial, aus welchem die Produkte gefertigt werden sollen. Die Formmassen werden von den Kunststoffherstellern geliefert in Form von: Formmasse

- Granulat (zylinderförmige Kunststoffpartikel) oder
- Pulver

Die Anlieferung erfolgt zum Beispiel in Säcken zu 20 bzw. 25 kg, in Oktabins (800 kg) oder in Tanklastzügen. Anlieferung

Formmassen müssen trocken gelagert werden, da sie bei der Spritzgießverarbeitung eine zulässige Feuchtigkeit von 0,1 bis 0,3 % (bei Thermoplasten) nicht überschreiten dürfen. Feuchte Formmassen können aber bei Temperaturen von 120 bis 130 °C in ca. 8 bis 12 Stunden als Beispiel für das Polycarbonat (PC), aus dem die CD gefertigt wird, getrocknet werden. Feuchtigkeit CD

Anders sieht es aus bei Duroplasten und Elastomeren. Sie werden meist in Streifenform (Elastomere) oder flüssig (Silikonkautschuk) an die Maschine gebracht. Duroplaste werden als Pulver oder auch flüssig angeliefert. Mit langen Glasfasern verstärkte Duroplaste werden zum Teil wie Sauerkraut in die Maschine gegeben. Es gibt tatsächlich den Begriff „Sauerkrautmasse" für bestimmte Duroplastformmassen! Duroplaste Elastomere

1.4 Kunststoffschmelze

1.4.1 Viskosität

Viskosität
Fließwiderstand

Beim Spritzgießvorgang befindet sich der Kunststoff im thermoplastischen Zustand, er ist dann viskos (zähflüssig). Die Viskosität einer Flüssigkeit ist ein Maß für den inneren Fließwiderstand oder die Zähflüssigkeit. Für eine sogenannte Newtonsche Flüssigkeit, wie es Wasser ist, wird die Zähflüssigkeit definiert (Gleichung 1.1).

$$\eta = \frac{\tau}{\dot{\gamma}} \tag{1.1}$$

η [Pa·s] = Viskosität
τ [N/mm²] = Schubspannung
$\dot{\gamma}$ [1/s] = Schergeschwindigkeit

Zähflüssigkeit

Um zu veranschaulichen, was Zähflüssigkeit bedeutet, stellt man sich zwei gleich große Becher vor, die jeweils im Boden ein verschlossenes Loch mit gleichem Durchmesser haben. Füllt man in den einen Becher Wasser und in den anderen einen zähflüssigen Lack und öffnet gleichzeitig die Löcher, so benötigt der Lack wesentlich mehr Zeit um auszufließen als die gleiche Menge Wasser. Man erkennt, dass der Lack zähflüssiger ist als Wasser. Besitzt eine Flüssigkeit eine besonders hohe Viskosität, so ist sie besonders zähflüssig.

1.4.2 Schubspannung und Schergeschwindigkeit

Geschwindigkeitsprofil

Eine Flüssigkeit, die durch ein Rohr strömt, besitzt in der Mitte des Rohres die höchste Geschwindigkeit. Von der Rohrmitte zur Rohrwand hin nimmt die Fließgeschwindigkeit ab, bis sie schließlich aufgrund von Wandhaftung an der Rohrwand Null wird. Es entsteht ein Geschwindigkeitsprofil. Man kann sich eine fließende Flüssigkeit also so vorstellen, als gäbe es eine ganze Reihe von Flüssigkeitsschichten, die mit verschiedenen Fließgeschwindigkeiten strömen (Bild 1.5).

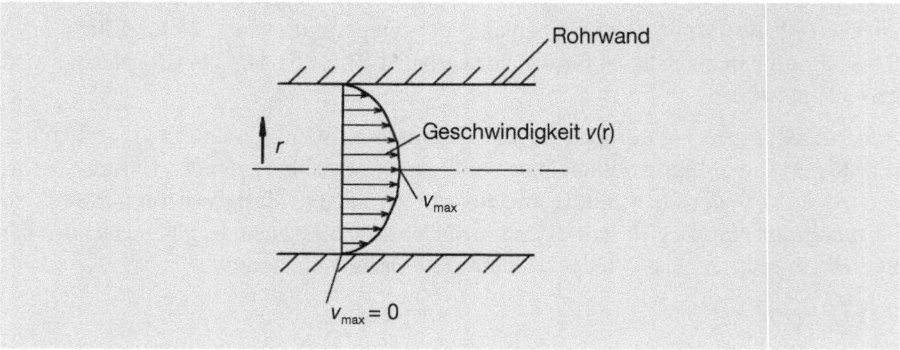

Bild 1.5 Geschwindigkeitsprofil einer strömenden Flüssigkeit in einem Rohr
v = Geschwindigkeit in m/s, r = Radius in mm

Sollen Schichten bzw. Makromoleküle aneinander vorbeigleiten, so sind Kräfte notwendig. Bezieht man diese auf die Fläche der abgleitenden Schicht, so spricht man von Schubspannung. Unter der Schergeschwindigkeit versteht man den Geschwindigkeitsunterschied zwischen den Schichten bezogen auf ihren Abstand oder auch das Schergefälle, d. h. die Änderung der Geschwindigkeit der strömenden Schichten mit dem Radius.

Schubspannung
Schergeschwindigkeit

1.4.3 Viskosität und Temperatur

Wird eine Flüssigkeit erwärmt, so sinkt ihre Viskosität, das heißt ihre Fließgeschwindigkeit erhöht sich bei konstantem treibenden Druck. Erwärmt man zum Beispiel in unserem Beispiel den Lack im Becher, so benötigt er weniger Zeit um auszulaufen. Die Viskosität einer Kunststoffschmelze ist somit nicht nur abhängig von dem Verhältnis Schubspannung zu Schergeschwindigkeit, sondern ebenfalls von der Temperatur (Bild 1.6).

Viskosität
Temperatur

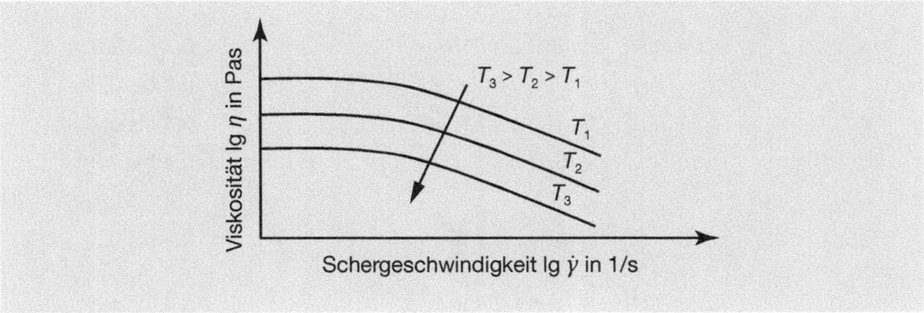

Bild 1.6 Viskositätsfunktion für einen Kunststoff
T Temperatur in °C

Die Viskosität nimmt mit steigender Temperatur ab, die Kunststoffschmelze wird also dünnflüssiger. Anhand des Werkstoffes Polyethylen (PE) wird dies beispielhaft erläutert. So beträgt die Viskosität für eine Schergeschwindigkeit von 1000 1/s bei einer Temperatur von 150 °C ca. 138 Pa s, wohingegen sie bei derselben Schergeschwindigkeit und 270 °C etwa 52 Pa s beträgt.

Beispiel PE

Neben der Viskosität haben auch andere Faktoren Einfluss auf die Verarbeitbarkeit von Kunststoffen im Spritzgießverfahren. Die folgende Übersichtstabelle (Tabelle 1.3) zeigt einige beim Spritzgießen verwendete Kunststoffsorten und die für die Verarbeitung wichtigen Materialkennwerte wie die Verarbeitungsschwindung, die Fließfähigkeit und den Verarbeitungstemperaturbereich.

Verarbeitungskennwerte

Tabelle 1.3 Wichtige Materialkennwerte

Nr.	Chemische Bezeichnung Zusammensetzung	Kurzzeichen DIN 7728	Dichte in g/cm³	Verarbeitungstemperatur in °C	Fließfähigkeit l = leicht m = mittel s = schwer	Verarbeitungsschwindung in % v = glasfaserverstärkt
1	**Polystyrol**	PS	1,05	180 bis 280	l	0,3 bis 0,6
2	**Styrol-Butadien-Copolymere**	SB	1,05	180 bis 280	l	0,4 bis 0,7
3	**Styrol-Acrylnitril-Copolymere**	SAN	1,07	200 bis 280	m	0,4 bis 0,7; 0,1 bis 0,3 v
4	**Acrylnitril-Butadien-Styrol-Copolymere**	ABS	1,06 bis 1,12	210 bis 270	m s	0,4 bis 0,7 0,2 bis 0,4 v
5	**Polyethylen**	PE	0,81 bis 0,87	180 bis 270 240 bis 300	l m s	1,2 bis 2,8; 1,2 bis 2,5
6	**Polymethyl-methacrylat**	PMMA	1,18	170 bis 240	m	0,3 bis 0,7
7	**Polyamid**	PA	1,04 bis 1,15	230 bis 290	l	0,7 bis 2,0; 0,2 bis 0,8 v
8	**Cellulose-Acetat**	CA	1,31	180 bis 230	l	0,4 bis 0,7
9	**Polycarbonat**	PC	1,20	280 bis 320	s	0,6 bis 0,8; 0,2 bis 0,5 v
10	**Polyvinylchlorid hart**	PVC-U	1,38	180 bis 210	s	0,4 bis 0,7
11	**Polyoxymethylen**	POM	1,41	180 bis 230	m	1,8 bis 3,0; 0,2 bis 0,6 v
12	**Polypropylen**	PP	0,91	240 bis 300	m s	0,5 bis 1,2 v

Verarbeitungstemperaturbereich

Aus der Tabelle 1.3 kann man ersehen, dass manche Kunststoffe einen sehr engen, andere einen sehr weiten Verarbeitungstemperaturbereich haben. Zum Beispiel kann PVC-U nur in sehr engen Temperaturbereichen (190 bis 210 °C) verarbeitet werden, wogegen sich POM zwischen 180 und 230 °C verarbeiten lässt (vgl. 10 und Nr. 11 in Tabelle 1.3).

CD-Materialkennwerte (PC)

Der folgenden Tabelle 1.4 kann man die Materialeigenschaften von PC, aus der die CD gefertigt wird, und die Einstellparameter der Spritzgießmaschine zur Verarbeitung entnehmen.

Die in der Tabelle verwendeten Begriffe werden in den folgenden Lektionen noch näher erläutert.

CD

Man erkennt, dass viele Faktoren zu beachten sind, um gute Formteile herzustellen. Die Verarbeitungswerte haben zudem noch einen großen Streubereich. Für die Herstellung der CD wird ein sehr niedrigviskoses PC verwendet, dessen Verarbeitungstemperaturbereich zwischen 320 und 360 °C liegt. Die niedrige Viskosität ist nötig, damit der Kunststoff die feine Geometrie der Informationsseite der CD („pits“), die im Genauigkeitsbereich von einigen Mikrometern liegt, exakt abformen kann. Gelingt dies nicht, so gehen Informationen verloren. CD-Spieler haben zwar eine Fehlerkorrektur eingebaut, die jedoch nur begrenzt verlorene Informationen - also nicht abgeformte Vertiefungen in der CD - korrigieren kann.

Tabelle 1.4 Materialeigenschaften und Verarbeitungswerte von Polycarbonat (PC)

Materialeigenschaften	
Hart, steif, schlagzäh bis - 100 °C, hohe Formbeständigkeit in der Wärme, glasklar, physiologisch einwandfrei.	
Beständig gegen	
Öl, Benzin, verdünnte Säuren, Alkohol, Wachse, Fette, einfache Seifen.	
Nicht beständig gegen	
Starke Säuren, Laugen, Benzol, Amine, Ammoniak, einige Lösungsmittelkomponenten.	
Materialerkennung	
Schwer entflammbar, erlischt außerhalb der Flamme, brennt leuchtend, rußend, verkohlt, Blasenbildung, riecht nach Phenol.	
Zylindertemperaturen	
Heizzone 1	230 bis 260 °C
Heizzone 2	250 bis 300 °C
Heizzone 3	260 bis 320 °C
Heizzone 4	260 bis 320 °C
Düsenheizzone	280 bis 330 °C
Einspritzdruck	
Sehr hohe Einspritzdrücke sind nötig (1300 bis 1800 bar), da der Werkstoff sehr schwer fließt.	
Nachdruck	
Druckhöhe ca. 40 bis 60 % des Einspritzdruckes	
Staudruck	
50 bis 150 bar	
Einspritzgeschwindigkeit	
Abhängig von Fließweglänge und Wanddicke. Bei dünnwandigen Teilen schnell einspritzen. Wird gute Oberflächenqualität gefordert, etwas langsamer einspritzen.	
Schneckendrehzahl	
Es ist ein hohes Drehmoment der Schnecke erforderlich. Es sollten mittlere Schneckendrehzahlen gewählt werden.	
Materialpolster	
2 bis 6 mm, je nach Dosiermenge.	
Werkzeugtemperatur	
Nicht unter 85 °C. Die Formfüllung und Formteilqualität wird mit steigender Temperatur günstiger. Die Zykluszeit wird durch hohe Werkzeugtemperatur unwesentlich länger, da die Einfriertemperatur 145 °C beträgt.	

Tabelle 1.4 Materialeigenschaften und Verarbeitungswerte von Polycarbonat (PC) *(Fortsetzung)*

Vortrocknung
4 bis 12 Stunden (Schnelltrockner 2 bis 5 Stunden) bei 100 bis 120 °C. Bei Feuchtegehalt unter 0,02 % optimale Dehnung, Härte und Kerbschlagzähigkeit.
Schwindung
0,7 bis 0,8 %; 0,1 bis 0,5 % bei PC-GF.
Spritzvolumen
15 bis 85 % des jeweiligen Zylindervolumens.
Abstellen der Maschine
Bei Produktionsunterbrechung während der Nacht den Zylinder leerspritzen und auf 160 bis 180 °C weiterheizen.

1.5 Erfolgskontrolle zur Lektion 1

Nr.	Frage	Antwortauswahl
1	Es werden drei große Klassen von Kunststoffen unterschieden, die Duroplaste, Thermoplaste und ______________.	*Monomere* *Synthese* *Elastomere*
2	Thermoplaste sind löslich und ______________.	*stark vernetzt* *schmelzbar* *nicht schmelzbar*
3	Amorphe Thermoplaste sind __________, wenn keine Füllstoffe und ähnliche Zusätze verwendet werden.	*glasklar* *milchig-opak*
4	Der Werkstoff der Compact-Disc muss aus einem durchsichtigen Kunststoff sein. Er ist deshalb ein __________ Thermoplast.	*amorpher* *teilkristalliner*
5	Die Compact Disc wird aus ________________ hergestellt.	*Polycarbonat* *Polyamid* *Polyvinylchlorid*
6	Duroplaste sind nicht schmelzbar und __________________.	*schwach vernetzt* *stark vernetzt*
7	Die zwischenmolekularen Kräfte, die in kristallinem Zustand wirken, sind wesentlich __________ als die Kräfte des amorphen Zustandes.	*kleiner* *größer*
8	Das Kurzzeichen nach DIN 7728 für Polyamid ist ___________.	*PS* *PA* *PC*
9	Die Viskosität ist ein Maß für die __________ einer Schmelze.	*Rauigkeit* *Zähflüssigkeit*
10	Mit fallender Temperatur __________ die Viskosität einer Kunststoffschmelze.	*steigt* *fällt*
11	Spritzgießen bezeichnet man als __________-Verfahren.	*Umform* *Urform*
12	Das Spritzgießen geschieht in einem Zustandsbereich, den man als ______________________ bezeichnet.	*thermoplastisch* *thermoelastisch*

2 Lektion Spritzgießmaschine

Leitfragen

Welche Bauarten von Spritzgießmaschinen gibt es?

Wie groß muss eine Spritzgießmaschine sein?

In welche Hauptbaugruppen ist eine Spritzgießmaschine unterteilt?

Inhalt

Vorwissen

Grundlagen der Kunststoffe (Lektion 1)

2.1 Einteilung von Spritzgießmaschinen

Größe der Maschine

Grundsätzlich gilt zwar, dass die Maschine umso größer gewählt werden muss, je größer das Formteil ist. Besonders bei kleinen Formteilen ist das nicht ganz richtig, da es meist wirtschaftlicher ist, viele kleine Formteile zur gleichen Zeit auf einer größeren Maschine herzustellen als eines auf einer kleinen.

Formteilgewicht

Die Größe eines Formteils muss im Hinblick auf die Maschinenauswahl noch etwas genauer betrachtet werden. Unter „Größe" wird man zuerst das Volumen verstehen. Je schwerer das Teil ist (Masse des Bauteils = Volumen des Bauteils × Dichte des Kunststoffs), desto mehr Masse muss auch die Plastifizier- und Spritzeinheit in einer bestimmten Zeit zur Verfügung stellen können.

Formteilfläche

Neben dem Volumen des Formteils müssen auch seine Abmessungen berücksichtigt werden. Hier ist für die Auswahl einer Maschine zur Produktion des Formteils in erster Linie die „in Schließrichtung projizierte" Fläche des Formteils wichtig. Was es damit auf sich hat, soll mithilfe des folgenden Bildes erklärt werden (Bild 2.1).

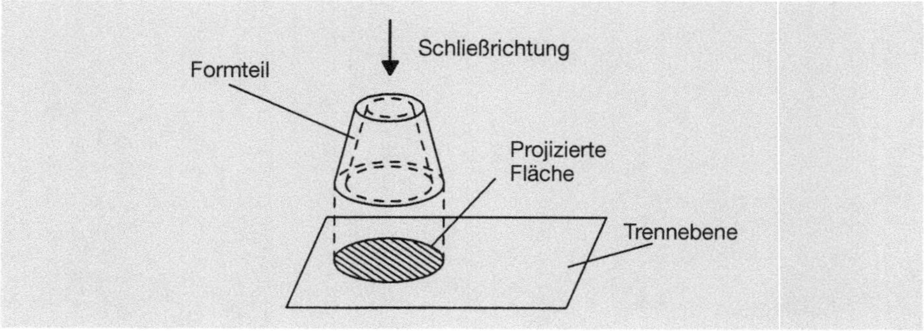

Bild 2.1 Projizierte Fläche

CD

Bei der CD entspricht die projizierte Fläche der Kreisfläche der CD. Da der Durchmesser der CD 120 mm beträgt, ergibt sich eine projizierte Fläche von rund 113 cm^2.

Kräfte
Zuhaltekraft

Beim Spritzgießen wird die Formmasse unter hohem Druck ins Werkzeug eingespritzt, der über 2000 bar betragen kann (1 bar = 10^5 N/m^2 = 10^5 Pa). Zum Vergleich: Ein Autoreifen steht unter einem Druck von etwa 2 bar. Gegen den Einspritzdruck muss das Werkzeug zugehalten werden, damit keine Formmasse über die Trennebene austritt und sich sogenannte Schwimmhäute bilden. Einmal eingebrachte Schwimmhäute führen zu einer nicht mehr rückgängig zu machenden Beschädigung der Kavität. Das sollte unbedingt vermieden werden. Mithilfe der Schließeinheit wird die dazu notwendige „Zuhaltekraft" aufgebracht. Spritzgießmaschinen werden in Größenklassen entsprechend dieser Zuhaltekraft eingeteilt (60 - 80 000 kN).

Auftriebskraft
projizierte Fläche

Die Kraft, die entgegen dieser Zuhaltekraft wirkt, ist die Auftriebskraft, die sich aus dem Druck, der auf die Formmasse wirkt, multipliziert mit der Fläche, die in Richtung des Schließmechanismus (in Schließrichtung projizierte Formteilfläche) liegt, ergibt.

Qualität

Um Formteile guter Qualität, d. h. ohne Schwimmhäute, zu erhalten, muss die Auftriebskraft kleiner als die Zuhaltekraft der Maschine sein.

In der ersten Lektion wurde ein Überblick über die verschiedenen Materialien gegeben, die im Spritzgießverfahren verarbeitet werden können. Diese Materialien haben sehr unterschiedliche Eigenschaften und müssen unter sehr unterschiedlichen Bedingungen verarbeitet werden. Aus diesem Grund gibt es auch sehr unterschiedliche Spritzgießmaschinen, die jedoch alle aus den gleichen Baugruppen aufgebaut sind. Die folgenden Bilder zeigen Beispiele für Spritzgießmaschinen.

Horizontalspritzgießmaschine

In der Thermoplastverarbeitung werden meist Horizontalspritzgießmaschinen eingesetzt (Bild 2.2). Da die Trennebene senkrecht steht, können die fertigen Formteile beim Entformen aus dem Werkzeug in einen bereitgestellten Behälter fallen. Für eine Vielzahl von Anwendungen werden die Bauteile jedoch über ein Handlingsystem automatisch entnommen.

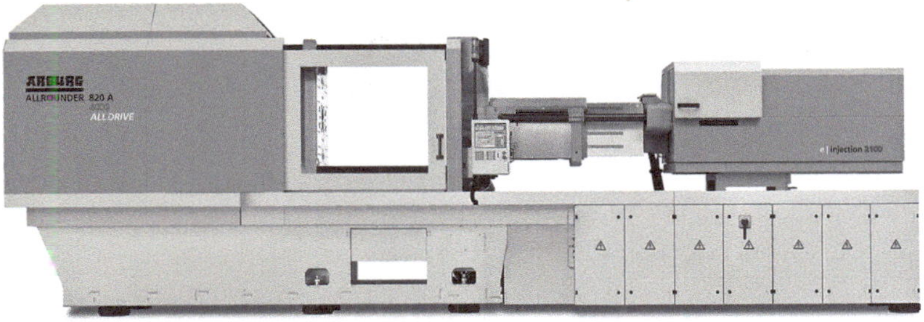

Bild 2.2 Horizontalspritzgießmaschine (Werkbild Fa. Arburg)

Vertikalspritzgießmaschine

Bei der Vertikalspritzgießmaschine liegt die Trennebene des Werkzeugs waagerecht, sodass sie besonders zur Herstellung von Formteilen mit Einlegeteilen (z. B. Stecker) geeignet ist (Bild 2.3). Elastomerformteile werden oft auf Vertikalspritzgießmaschinen hergestellt.

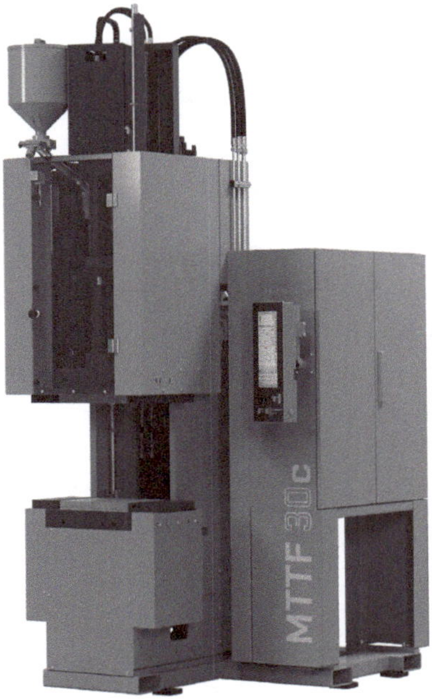

Bild 2.3 Vertikalspritzgießmaschine für Elastomere (Werkbild Fa. Maplan)

Rundtischmaschine

Bei der Rundtischmaschine wird mit einem Drehteller gearbeitet, bei dem eine Station für den eigentlichen Spritzgießprozess gedacht ist, die anderen Stationen können für Vor- (Einlegeteile positionieren) und Nachbearbeitung (verlängerte Heizzeit, Entformung) genutzt werden. (Bild 2.4).

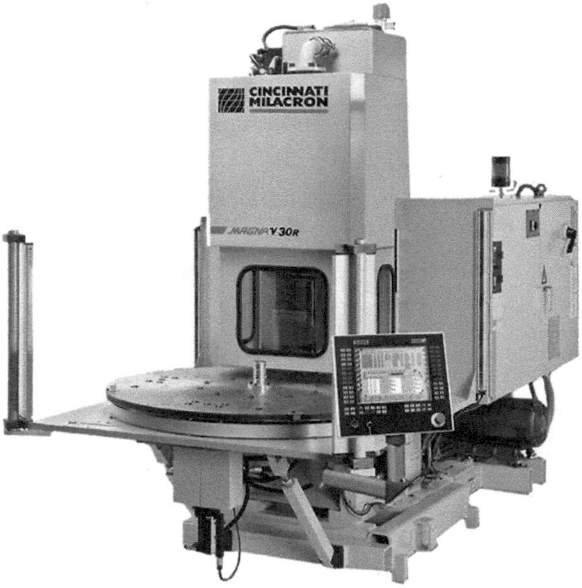

Bild 2.4 Rundtischmaschine (Werkbild Fa. Cincinnati Milacron)

Der Anspruch, komplexe Formteile möglichst kostengünstig und dabei qualitäts- und termingerecht zu fertigen, stellt die Kunststoff verarbeitende Industrie vor große Aufgaben. Da diese Anforderungen nicht mehr alleine mit dem konventionellen Spritzgießverfahren erfüllt werden können, werden Sonderverfahren wie z. B. das Mehrkomponenten-Spritzgießen angewendet (siehe hierzu Kapitel 11).

Beim Mehrkomponenten-Spritzgießen sind mindestens zwei Plastifiziereinheiten einer Schließeinheit zugeordnet. Hierdurch können z. B. verschiedenfarbige Kunststoffe (Pkw-Rückleuchten) aneinander gespritzt werden (Bild 2.5).

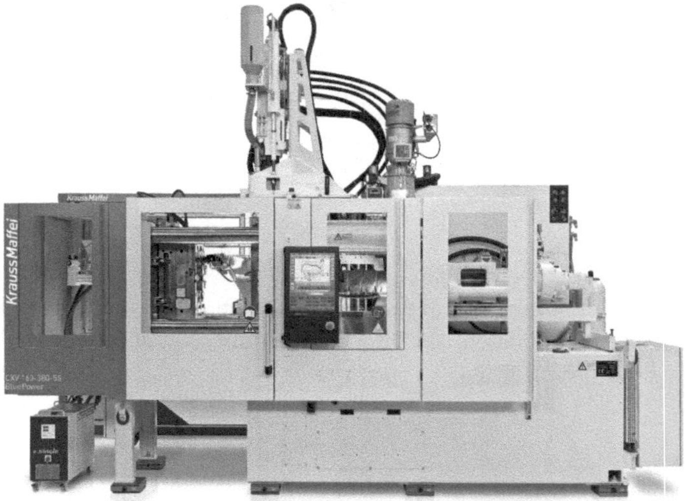

Bild 2.5 Zweikomponenten-Spritzgießmaschine (Werkbild Fa. KraussMaffei)

2.2 Baugruppen von Spritzgießmaschinen

Im Spritzgießverfahren können Formteile ganz unterschiedlicher Größe und Gestalt hergestellt werden. Um diese Formteile unter optimalen Bedingungen produzieren zu können, sind unterschiedliche Bauformen von Spritzgießmaschinen mit unterschiedlichen Größen und unterschiedlichen Zusatzausrüstungen notwendig. Bauformen

Allen Bauformen gemeinsam sind die Hauptbaugruppen einer Spritzgießmaschine: Hauptbaugruppen

- Plastifizier- und Spritzeinheit,
- Schließeinheit und
- Steuerung mit Hydraulik und Elektrik.

In Bild 2.6 ist eine Spritzgießmaschine mit ihren Hauptbaugruppen schematisch dargestellt.

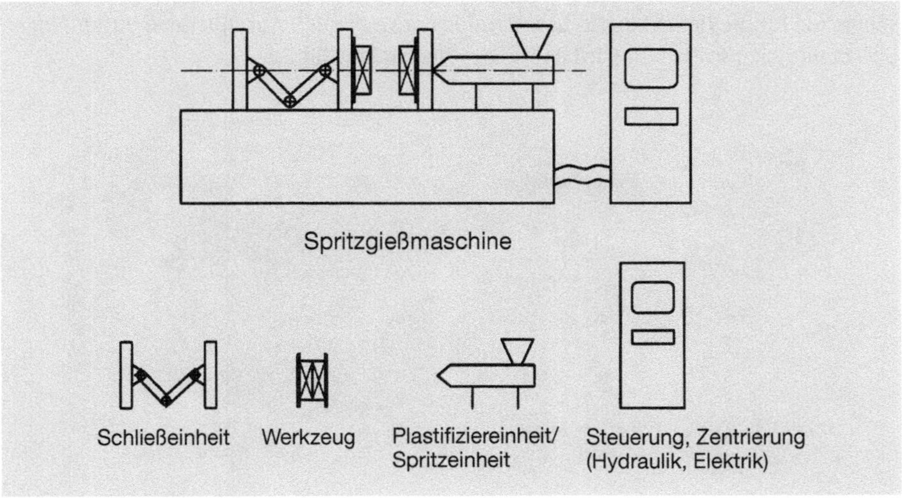

Bild 2.6 Hauptbaugruppen einer Spritzgießmaschine

Wie diese Baugruppen zueinander angeordnet sind und welche Größe sie im Verhältnis zueinander haben, hängt davon ab, welche Formteile hergestellt werden sollen. Werkzeug

Auf einer Spritzgießmaschine können verschiedene Formteile hergestellt werden. Dafür werden jedoch unterschiedliche Werkzeuge benötigt. Daher ist das Werkzeug keine Baugruppe der Spritzgießmaschine. Zum besseren Gesamtverständnis wird es aber hier als Teil des Gesamtsystems „Spritzgießmaschine" mitbetrachtet.

Im Folgenden werden die einzelnen Baugruppen von Spritzgießmaschinen mit ihrer Funktion noch näher beschrieben. Dies soll am Beispiel einer Horizontalspritzgießmaschine geschehen, auf der CDs hergestellt werden können. CD

Um die Funktion der einzelnen Baugruppen zu verstehen, verfolgt man am besten den Weg des Kunststoffs durch die Maschine, in der er vom Rohstoff, der meist in Granulatform vorliegt, zum fertigen Produkt urgeformt, d. h. spritzgegossen, wird. Bild 2.7 zeigt Materialfluss durch die Spritzgießmaschine prinzipiell eine Spritzgießmaschine im Querschnitt. Der Weg des Materials vom Trichter bis ins Werkzeug ist hervorgehoben.

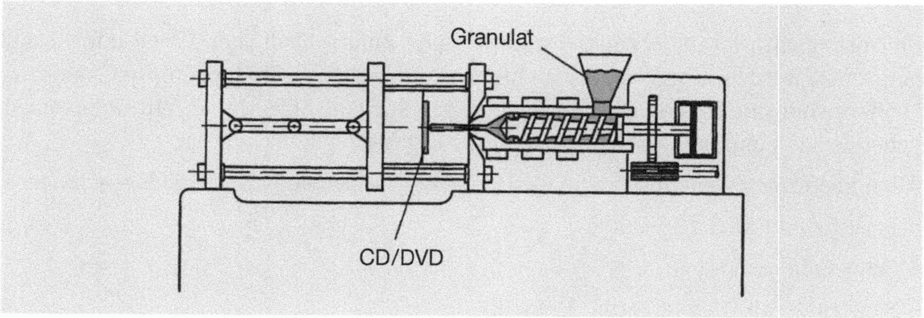

Bild 2.7 Schnittbild einer Horizontalspritzgießmaschine

Fertigungszentrum

Nachdem eine CD oder DVD spritzgegossen ist, wird sie mit einer Metallschicht versehen, die für die Reflexion des Laserstrahls notwendig ist. Anschließend durchläuft sie die Qualitätskontrolle und wird dann noch bedruckt (Bild 2.8).

Bild 2.8 Fertigungszentrum zur Herstellung von optischen Datenträgern (Werkbild Fa. Singulus)

2.3 Erfolgskontrolle zur Lektion 2

Nr.	Frage	Antwortauswahl
1	Die Spritzgießmaschine besteht aus den Hauptbaugruppen Plastifiziereinheit/Spritzeinheit, Werkzeug, Steuerung und der ___________.	*Transporteinheit* *Schließeinheit* *Hubeinheit*
2	Unter „projizierter Fläche“ versteht man die ____________________ ____________________.	*in Schließrichtung wirkende Fläche* *die größte Fläche des Teils*
3	Die CD hat einen Durchmesser von 120 mm. Die projizierte Fläche ist ca. _____ cm^2.	*113* *226*
4	Bei einem Druckbedarf von 5000 N/cm^2 zur Herstellung einer CD ist eine Spritzgießmaschine bis _____ kN Zuhaltekraft notwendig.	*500* *1000* *1500* *2500*
5	Kriterien zur Auswahl einer Maschine für die Herstellung eines Formteiles sind Volumen und _____________ des Formteils.	*Farbe* *projizierte Fläche* *Länge*
6	Der Einspritzdruck einer Maschine kann über __________ bar liegen.	*2000* *20* *200*
7	Bei der Horizontalmaschine liegen Schließeinheit und Plastifiziereinheit __________.	*nebeneinander* *übereinander*

3 Lektion Plastifizier- und Spritzeinheit

Leitfragen

Welche Funktionen muss die Plastifizier- und Spritzeinheit erfüllen?

Aus welchen Bauteilen besteht diese Baugruppe?

In welche Zonen ist eine Plastifizierschnecke unterteilt?

Inhalt

Vorwissen

Grundlagen der Kunststoffe (Lektion 1)

Spritzgießmaschine (Lektion 2)

3.1 Aufgaben der Plastifizier- und Spritzeinheit

Am Beispiel der CD oder DVD, die aus einem glasklaren Material gefertigt werden muss, damit der Laser die Informationen erfassen kann, sollen die einzelnen Funktionen der Plastifizier- und Spritzeinheit beschrieben werden. Dieses Speichermedium wird aus einem amorphen Thermoplasten hergestellt. CD, DVD

Hauptfunktionen

Die Hauptfunktionen dieser Baugruppe lassen sich wie folgt unterteilen (Bild 3.1).

Hauptfunktionen

- Aufschmelzen der Formmasse
- Fördern der Formmasse
- Speichern der Formmasse
- Einspritzen der Formmasse
- Aufbau des Nachdrucks

Bild 3.1 Hauptfunktionen der Plastifizier- und Spritzeinheit

3.1.1 Aufschmelzen

Granulat

Je nach der Art des Kunststoffs sind verschiedene Formen gebräuchlich, in denen der Kunststoff vom Hersteller geliefert wird. Bei Thermoplasten handelt es sich meist um Granulat, das sind kleine, zylinder- oder linsenförmige Partikel mit einem Durchmesser von 2 bis 3 mm und einer Höhe von ebenfalls 2 bis 3 mm. Es wird in Säcken oder bei großen Mengen auch in speziellen Containern oder per Tankwagen angeliefert.

Beschäftigen wir uns also weiter mit Thermoplasten, die in Granulatform an die Maschine geliefert werden. Dieses Granulat wird von Hand aus dem Sack oder bei großen Mengen auch automatisch aus einem Silo in den Trichter gefüllt, der oben auf der Plastifizier- und Spritzeinheit zu erkennen ist. Bild 3.2 zeigt eine Plastifizier- und Spritzeinheit im Schnitt.

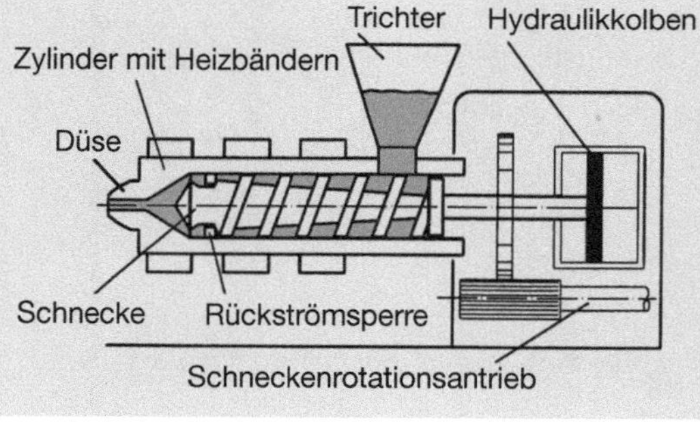

Bild 3.2 Plastifizier- und Spritzeinheit

Die Plastifizier- und Spritzeinheit muss nun vor allem dafür sorgen, dass aus diesem Granulat eine homogene Schmelze entsteht, die in das Werkzeug „eingespritzt" werden kann, um den Hohlraum für das Bauteil auszufüllen. Dazu wird der Kunststoff aufgeheizt, bis er schmilzt (Bild 3.3). Dies geschieht durch Reibung (Dissipation) zwischen den Granulatpartikeln sowie durch Wärmezufuhr von außen (Konvektion, Wärmeleitung).

Aufschmelzen
Dissipation
Konvektion
Wärmeleitung

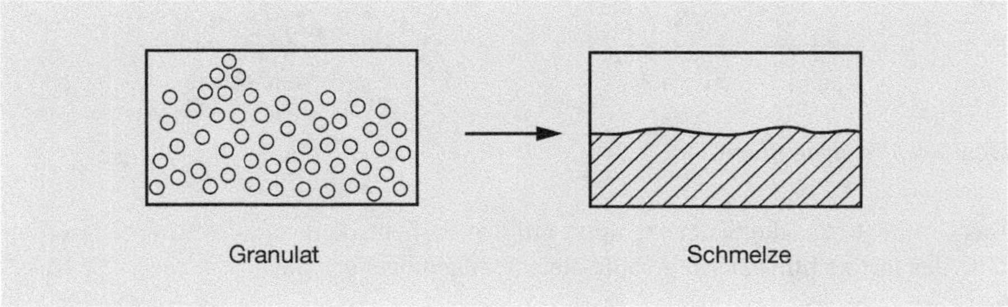

Bild 3.3 Aufschmelzen

Die Plastifizier- und Spritzeinheit muss daher beheizbar sein. Dazu sind für Thermoplaste meist elektrische Heizbänder um den Zylinder gelegt, die auf eine bestimmte Temperatur eingestellt werden können.

Heizbänder

Kunststoffe bestehen aus Makromolekülen mit mehr als 10 000 Kettengliedern. Wenn hier von „Gießen" die Rede ist, darf man sich keine Flüssigkeit wie Wasser vorstellen. Ein Kunststoff, der so aufbereitet ist, dass er „spritzgegossen" werden kann, lässt sich in seiner Fließfähigkeit etwa mit Honig vergleichen.

3.1.2 Homogenisieren

Eine weitere Aufgabe der Plastifizier- und Spritzeinheit kann man sich verdeutlichen, wenn man sich ein eingefärbtes Formteil ansieht (Stoßfänger, Kaffeebecher, Mülltonne, Flaschenkasten). Soll solch ein buntes Teil mit der Maschine hergestellt werden, so muss dem Granulat das entsprechende Farbmittel beigemischt werden, denn die meisten Kunststoffe sind im Naturzustand farblos oder durchscheinend von heller Grundfarbe. Das kann schon beim Hersteller geschehen - dann sind die Partikel gleichmäßig eingefärbt - wird öfter aber auch erst beim Verarbeiter gemacht. Dann werden dem Granulat Partikel beigegeben, in denen das Farbmittel (Masterbatch) hoch konzentriert ist.

Farbstoff
Masterbatch

Die Plastifizier- und Spritzeinheit muss also in der Lage sein, das Material gleichmäßig aufzubereiten. Das Material muss homogenisiert werden, d. h., alle Bestandteile sollen gleichmäßig miteinander vermischt sein (Bild 3.4).

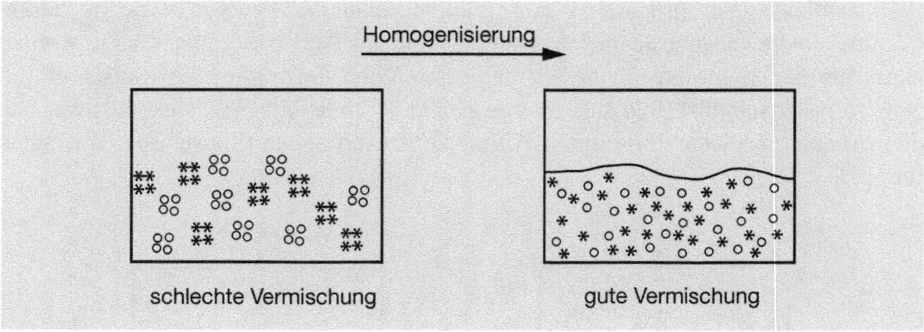

Bild 3.4 Homogenisieren

Das Granulat bzw. die Schmelze muss mit den Farbpartikeln so gut vermischt werden, dass das fertige Kunststoffteil völlig gleichmäßig eingefärbt ist.

Homogenisieren Zuschlagstoffe

Anstelle der Farbpartikel werden auch andere Zuschlagstoffe verwendet, beispielsweise Alterungsschutzmittel (Stabilisatoren) oder Füllstoffe, oder Fasern, um die mechanischen Eigenschaften zu verbessern.

CD oder DVD

Die CD oder DVD wird zwar aus einem glasklaren Kunststoff ohne Füllstoffe hergestellt, dennoch ist es gerade hier wichtig, dass das Material sehr gleichmäßig homogenisiert wird. Da die Information (Musik, Bilder oder Filme) auf der CD oder DVD von einem Laser durch die Kunststoffschicht hindurch gelesen wird, muss diese sehr gleichmäßig sein, damit die Information nicht verfälscht wird.

3.1.3 Aufbau der Plastifizier- und Spritzeinheit

Einspritzen

Ist das Material gleichmäßig aufbereitet, man sagt auch „plastifiziert", so muss dafür gesorgt werden, dass es in die eigentliche Form - Werkzeug genannt - transportiert werden kann. Dies muss sehr schnell erfolgen und erfordert wegen der Zähflüssigkeit des Materials hohen Druck. Weitere Hauptaufgabe der Plastifizier- und Spritzeinheit ist somit das schnelle Einspritzen der Formmasse ins Werkzeug.

Wie der Name „Plastifizier- und Spritzeinheit" schon sagt, lassen sich die Aufgaben der Baugruppe grundsätzlich trennen in

- „Plastifizieren" und
- „Einspritzen".

Diese beiden Aufgaben werden im Folgenden zusammen mit den Teilen der Baugruppe näher erklärt.

3.2 Plastifizieren

Das Granulat wird in den Trichter auf der Maschine eingefüllt und steht so für die weitere Verarbeitung zur Verfügung. Es gelangt aus dem Trichter in die Einzugszone der Schnecke. Der Transport in Richtung Düse erfolgt mithilfe einer rotierenden Schnecke. Infolge der Schneckenrotation kommt das Material auf seinem Weg nach vorn immer wieder mit der heißen Zylinderwand in Berührung.

Trichter
Rotation der Schnecke

Zusätzlich wird bei dieser Bewegung Reibungswärme erzeugt. Die Homogenität der Schmelze, die für gute Formteile extrem wichtig ist, wird durch die Temperatur der Zylinderwand und die Rotationsgeschwindigkeit der Schnecke entscheidend beeinflusst. Während Thermoplaste auf eine Temperatur von 180 - 380 °C erhitzt werden, werden Elastomere nur bis etwa 100 °C aufgeheizt, um eine vorzeitige Vernetzung zu verhindern.

Schneckendrehzahl
Zylindertemperatur

Außerdem wird auf die Schnecke über den Hydraulikkolben der sogenannte Staudruck aufgebracht, der das Zurückfahren der Schnecke beim Plastifizieren behindert, sodass durch diesen Widerstand eine zusätzliche Homogenisierung erfolgt.

Staudruck

Jede Schnecke besitzt eine bestimmte Geometrie. Diese Schneckengeometrie legt die Maße einer Schnecke fest. In Bild 3.5 sind die Schneckengeometrie einer konventionellen Schnecke für das Spritzgießen und die Bezeichnungen dargestellt.

Schneckengeometrie

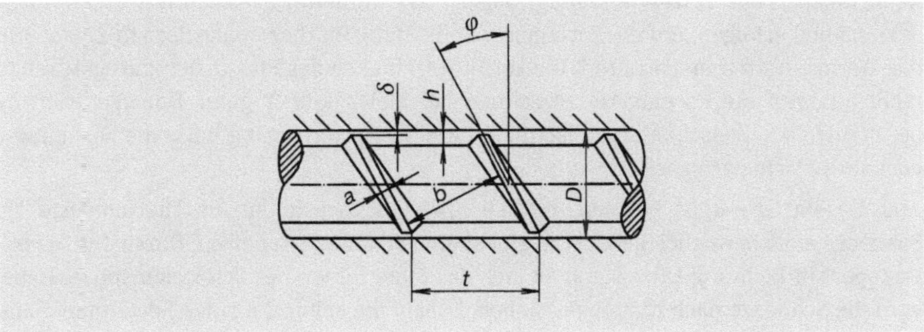

Bild 3.5 Schneckengeometrie einer konventionellen Spritzgießschnecke
t [mm] = Gangsteigung
b [mm] = Gangbreite
a [mm] = Stegbreite
h [mm] = Gangtiefe
δ [mm] = Spalthöhe (radiales Spiel)
D [mm] = Durchmesser
φ [°] = Gangsteigungswinkel

Damit die Formmasse schnell und gleichmäßig plastifiziert werden kann, ist die Schnecke im Allgemeinen in drei Bereiche, sogenannte Zonen, unterteilt (Bild 3.6).

Zonen

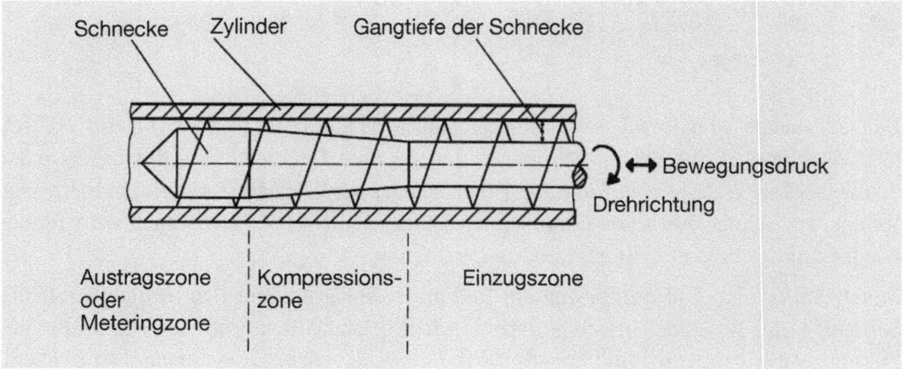

Bild 3.6 Dreizonenschnecke

Einzugszone
Kompressionszone

Im hinteren Teil der Schnecke, der Einzugszone, wird das Material aus dem Trichter eingezogen und in Richtung der Düse gefördert. Im mittleren Teil der Schnecke, der Kompressions- oder Umwandlungszone, wird das Material infolge abnehmender Gangtiefe verdichtet, entlüftet und aufgeschmolzen.

Meteringzone

In der vorderen Schneckenzone, der Austrags- oder Meteringzone, findet eine weitere Homogenisierung des Materials statt. Außerdem wird im Material Druck aufgebaut.

Düse

Das plastifizierte Material, das von der Schnecke in Richtung Düse transportiert wurde, kann nicht direkt in das Werkzeug eingespritzt werden. Der Einspritzvorgang muss sehr schnell erfolgen, um die Formmasse vollständig im thermoplastischen Zustand in das Werkzeug zu transportieren. Die Leistungsfähigkeit des Plastifizieraggregats reicht nicht aus, um die Formmasse so schnell bei gleichzeitiger guter Homogenisierung bereitzustellen. Zwischen dem Plastifizier- und Einspritzvorgang muss die Formmasse deshalb zwischengespeichert werden.

axiale Schneckenbewegung

Aus diesem Grund ist bei den meisten Spritzgießmaschinen für Thermoplaste die Schnecke axial beweglich gebaut. Es gibt aber auch andere Bauarten. Durch den Massetransport in Richtung Düse sammelt sich das Material vor der Schneckenspitze. Dabei wird die Schnecke nach hinten geschoben. Sobald die Schnecke einen bestimmten, eingestellten Weg zurückgelegt hat und damit die gewünschte Menge an Schmelze vor der Schnecke bereitsteht, wird die Drehbewegung der Schnecke und damit die weitere Materialaufbereitung beendet.

Verschlussdüse

Der Schneckenvorraum wird in Richtung Werkzeug durch die Düse begrenzt. Durch die Düse wird das Material später ins Werkzeug eingespritzt. Außerhalb der Einspritzphase sollte aber kein Material aus der Düse austreten, da diese Menge später für den Einspritzvorgang fehlen würde. Aus diesem Grund muss die Düse – zumindest während des Plastifiziervorgangs – verschließbar sein. Dazu gibt es verschiedene Bauarten von Verschlussdüsen, zum Beispiel die sogenannte Nadelverschlussdüse (Bild 3.7).

Im linken Teil des Bildes erkennt man eine aufgrund der Federkraft geschlossene Düse. Die Nadel ist gegen die Düsenöffnung gepresst und verschließt so das Plastifizieraggregat. Im rechten Teil des Bildes ist die Verschlussnadel am rechten Anschlag und erlaubt der Formmasse, aus der Düse zu fließen.

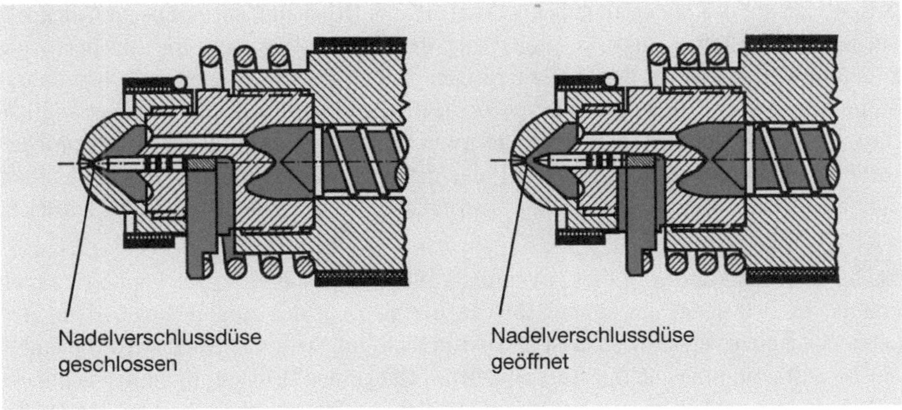

Bild 3.7 Nadelverschlussdüse (geschlossen und geöffnet)

offene Düse

Bei manchen, sehr empfindlichen Formmassen darf man keine Verschlussdüsen einsetzen, weil sich im Verschluss Material ansammeln und zersetzen kann. Sollen solche Formmassen (PVC, POM) verarbeitet werden oder soll der mechanische Aufwand nur so gering wie möglich gehalten werden, so wird eine offene Düse eingesetzt. Das Austreten von Formmasse lässt sich dann nicht ganz vermeiden und muss beim Dosieren entsprechend berücksichtigt werden (Dekompression am Ende der Dosierphase).

Sobald genug Material im Schneckenvorraum gespeichert ist, ist der Plastifiziervorgang beendet, das Material steht zum Einspritzen bereit.

3.3 Einspritzen

Einspritzvorgang

Die zweite Funktion der Plastifizier- und Einspritzeinheit ist es, das plastifizierte, im Schneckenvorraum zwischengespeicherte Material ins Werkzeug zu bewegen. Dies muss möglichst schnell geschehen, damit das Material während des Einspritzvorgangs nicht im kalten Werkzeug erstarren kann. Erstarrte Materialbereiche, die während des Einspritzvorgangs weiter bewegt werden, würden zu fehlerhaften Formteilen führen. Da eine Kunststoffformmasse aber auch im Schmelzezustand nicht wirklich „flüssig“ wie z. B. Wasser ist und außerdem teilweise sehr komplizierte Formen ausgefüllt werden sollen, kann man sich vorstellen, dass sehr hoher Druck notwendig ist, um unter diesen Bedingungen das Formnest oder die Formnester im Werkzeug zu füllen.

Maschinensteuerung

Zum Einspritzen der Formmasse in die Formnester kann die Schnecke deshalb mit hoher Geschwindigkeit und hohem Druck nach vorn bewegt werden. Gleichzeitig muss aber von der Maschinensteuerung dafür gesorgt werden, dass Druck und Geschwindigkeit sehr genau einzustellen sind, damit das Werkzeug und die Formmasse nicht überbeansprucht werden.

Rückströmen

Bringt man auf das Material im Schneckenvorraum Druck auf, so wird es natürlich versuchen, diesem Druck auszuweichen. Wenn es dabei ins Werkzeug transportiert wird, so entspricht das genau den Anforderungen an den Prozess. Gleichzeitig könnte das Material versuchen, dem Druck durch Zurückfließen über die Schneckenstege in Richtung Trichter entlang der Schnecke auszuweichen. Das muss auf jeden Fall vermieden werden. Man braucht dazu ein Ventil, das der Formmasse zwar erlaubt, entlang der Schnecke in Richtung Düse zu fließen, aber nicht aus dem Schneckenvorraum zurück in die Schnecke.

Rückströmsperre

Nach seiner Funktion wird dieses Ventil als „Rückströmsperre" bezeichnet. Prinzipiell handelt es sich dabei um einen Schieber, der sich auf der entsprechend gestalteten Schneckenspitze verschieben lässt und der in Richtung Schneckenvorraum strömenden Masse gestattet, über die Sperre zu fließen, solange der Druck entlang der Schnecke höher als im Schneckenvorraum ist. Sobald sich die Druckverhältnisse zu Beginn der Einspritzphase umkehren, schließt die Rückströmsperre.

Bild 3.8 zeigt die Rückströmsperre in offenem Zustand, bei dem Material in den Schneckenvorraum gefördert werden kann (links, Pfeil) und in geschlossenem Zustand (rechts), bei der das Material nur aus der Düse abfließen kann.

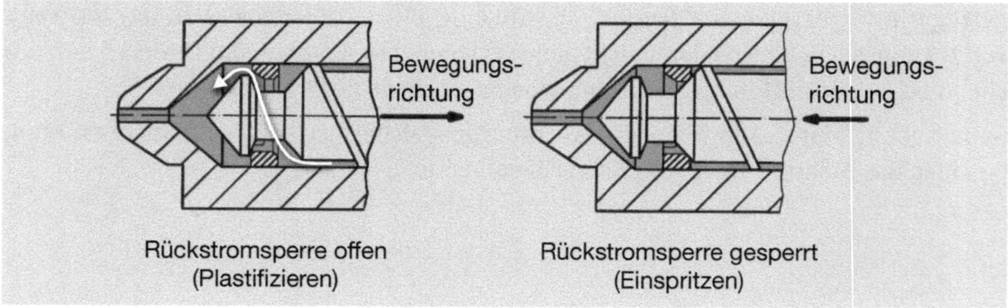

Bild 3.8 Rückströmsperre (offen und gesperrt)

Die Rückströmsperre darf - wie die Verschlussdüse - bei kritischen Materialien nicht eingesetzt werden, um Ablagerungen und damit Zersetzungen von Material zu vermeiden.

3.4 Erfolgskontrolle zur Lektion 3

Nr.	Frage	Antwortauswahl
1	Die Plastifizier- und Spritzeinheit muss die Funktionen Aufschmelzen, Homogenisieren, Speichern und __________ erfüllen.	*Einspritzen* *Abkühlen* *Vernetzen*
2	Thermoplaste werden dem Verarbeiter meistens in Form von __________ angeliefert.	*Streifen* *Sauerkraut* *Granulat*
3	Wird ein Kunststoff eingefärbt, so müssen die Farbteilchen so homogen eingemischt werden, dass das fertige Formteil __________ eingefärbt ist.	*gleichmäßig* *ungleichmäßig*
4	Das thermoplastische Material wird auf seinem Weg zur Düse durch Wärmezufuhr von außen und durch __________ aufgeheizt.	*innere Reibung* *Verbrennung*
5	Die konventionelle Dreizonenschnecke ist in die Bereiche Einzugszone, Kompressionszone und __________ aufgeteilt.	*Meteringzone* *Spritzeinheit*
6	Um ein Austreten der Formmasse aus der Düse zu verhindern, verwendet man __________.	*Kompressionszonen* *Verschlussdüsen* *Dreizonenschnecken*
7	Damit die Formmasse während des Einspritzvorgangs nicht aus dem Schneckenvorraum zurück in die Schnecke fließt, verwendet man __________.	*Nadelverschlussdüsen* *Rückströmsperren* *Meteringzonen*

4 Lektion Werkzeug

Leitfragen

Welche Aufgaben hat das Spritzgießwerkzeug?

Aus welchen Teilbereichen besteht das Spritzgießwerkzeug?

Welche Arten von Anguss- und Verteilersystemen gibt es?

Welche Temperiersysteme sind zu unterscheiden?

Welche Entformungsarten gibt es?

Inhalt

Vorwissen

Grundlagen der Kunststoffe (Lektion 1)

Plastifizier- und Spritzeinheit (Lektion 3)

4.1 Aufgaben und Funktionsbereiche

Hauptaufgaben
Nebenaufgaben

Die Hauptaufgaben eines Spritzgießwerkzeuges sind das Aufnehmen und Verteilen der Schmelze und das Ausformen, Abkühlen (bei Duroplasten/Elastomeren: Aktivierungsenergie zuführen) und Entformen des Formteils. Aus diesen Hauptaufgaben lassen sich die Nebenaufgaben Aufnehmen der Kräfte, Bewegungsübertragung und Führung von Werkzeugteilen ableiten. Um sich die Aufgaben und Funktionsbereiche eines Spritzgießwerkzeugs klarzumachen, verfolgt man am besten den Weg des Materials in der Spritzgießmaschine bis zum Entstehen des fertigen Formteils.

Schneckenvorraum

Im Verlauf der Plastifizierphase ist das Material bis in den Schneckenvorraum gefördert und auf dem Weg dorthin aufgeschmolzen und homogenisiert worden.

Einspritzvorgang

Vom Schneckenvorraum der Plastifizier-/Spritzeinheit aus wird das aufbereitete, fließfähige Material ins Werkzeug transportiert, d. h. „spritzgegossen".

Formnest = Kavität

Im Werkzeug befindet sich der Hohlraum, in den die Formmasse eingespritzt wird, genannt Formnest oder Kavität. Das Material verfestigt sich bei Thermoplasten durch Abkühlen und bei Duroplasten/Elastomeren durch eine chemische Vernetzungsreaktion im Formnest und bildet dadurch das Formteil.

Einfachwerkzeug

Im Spritzgießverfahren wird oft nur ein Formteil bei jedem Zyklus gefertigt. In diesem Fall handelt es sich um ein Einfachwerkzeug.

Mehrfachwerkzeug

Die Zahl der pro Zyklus produzierten Teile kann bis über 100 betragen, etwa bei kleinen Silikonteilen. Man spricht dann von Mehrfachwerkzeugen oder Vielfachwerkzeugen.

4.2 Anguss- und Verteilersystem

4.2.1 Grundlagen

Verteiler, Anguss, Anschnitt

Im Werkzeug muss dafür gesorgt werden, dass die von der Düse kommende Formmasse aufgenommen und in die Formnester verteilt wird. Diese Aufgabe übernimmt das Anguss- und Verteilersystem (Bild 4.1). Es besteht aus mehreren Teilbereichen, die je nach Anforderung unterschiedlich gestaltet sein können. Aus der Düse gelangt die Formmasse über den Angusskegel in den Verteiler. Am Ende des Verteiler- oder Angusskanals verengt sich der Querschnitt stark, um das Formteil nach der Entformung leicht vom Anguss trennen zu können. Diese direkte Verbindung zwischen Verteiler und Formnest wird als Anschnitt bezeichnet.

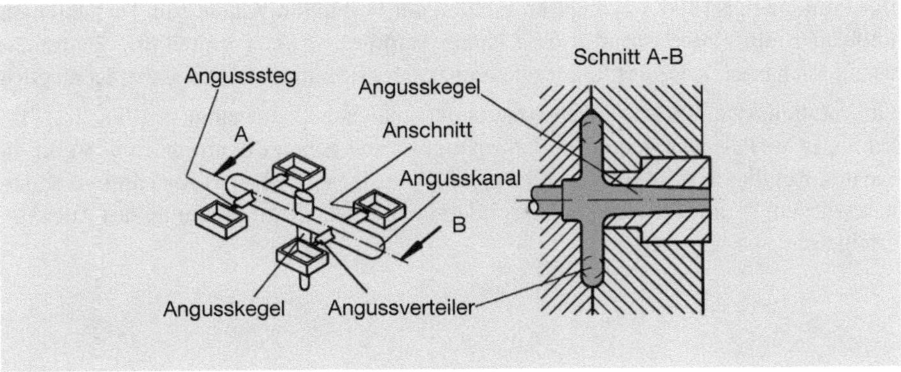

Bild 4.1 Anguss- und Verteilersystem für ein Vierfachwerkzeug

Die Anforderungen an das Anguss- und Verteilersystem lassen sich mit einem Satz beschreiben:

Regel

> „Das Anguss- und Verteilersystem muss so gestaltet sein, dass Schmelze gleicher Temperatur unter gleichem Druck alle Formnester gleichzeitig und gleichmäßig füllt".

Dies ist abhängig von der Anzahl, Geometrie und Lage der Formnester im Werkzeug.

4.2.2 Art des Angusses

Stangenanguss

Der Stangenanguss (Bild 4.2) stellt die einfachste Art der Anbindung dar und wird bei dickwandigen Teilen verwendet. Er setzt der Schmelze, bedingt durch die großen Querschnitte, einen geringen Widerstand entgegen und ermöglicht so ein leichtes Fließen. Der Stangenanguss wird konisch ausgeführt.

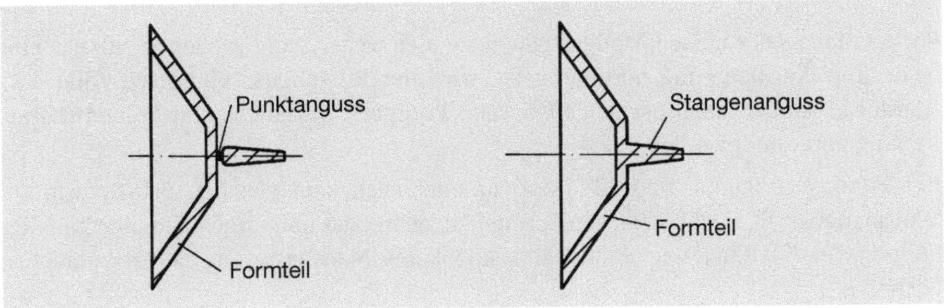

Bild 4.2 Stangenanguss und Punktanguss

Beim Auswerfen reißt der Anguss an der - wärmeren - Düsenseite ab. Der Schaft bleibt also am Formteil stehen und muss in einem zusätzlichen Arbeitsschritt entfernt werden. Anwendung findet der Stangenanguss bei technisch hochwertigen und dickwandigen Formteilen.

Punktanguss

Der Punktanguss (Bild 4.2) dagegen reißt an der Verbindungsstelle zum Formteil beim Entformen ab, hinterlässt also eine kleine Markierung am Formteil, die keine oder wenig Nacharbeit erfordert. Eine vollautomatische Trennung des Angusses ist möglich.

Schirmanguss

Für rotationssymmetrische Teile verwendet man den Schirmanguss (Bild 4.3). Die Schmelze verteilt sich zuerst im Schirmanguss und gelangt dann gleichmäßig in die Kavität. Auf diese Weise werden Bindenähte, wie sie bei mehreren Anschnitten entstehen würden, vermieden. Jedoch muss hier eine nachträgliche Trennung des Angusses erfolgen.

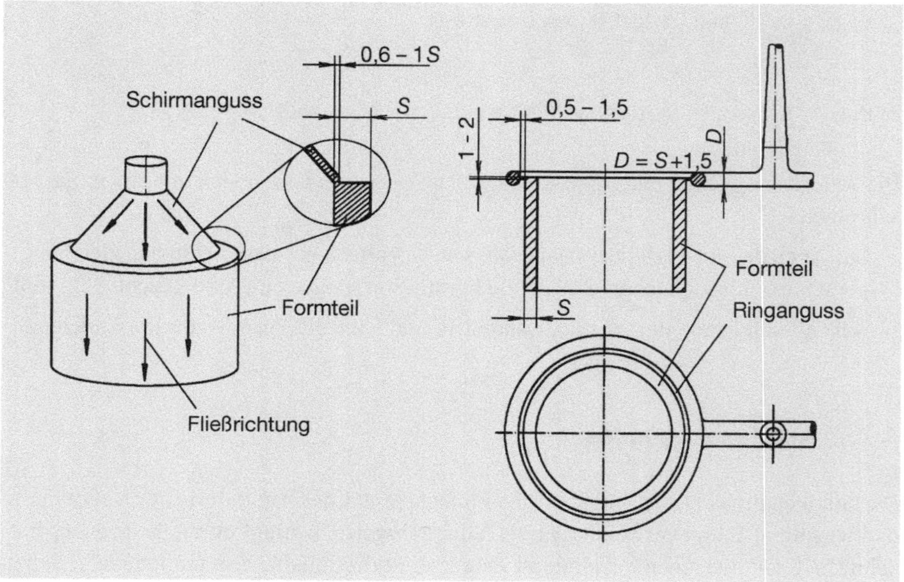

Bild 4.3 Schirm- und Ringanguss

Ringanguss

Für rotations- oder hülsenförmige Teile, bei denen wegen einer großen Kernlänge eine beidseitige Kernlagerung notwendig ist, wird der Ringanguss eingesetzt (Bild 4.3). Hierdurch können auch bei langen Kernen Formteile mit konstanter Wanddicke am Umfang hergestellt werden.

Film- oder Bandanguss

Der Film- oder Bandanguss (Bild 4.4) arbeitet nach dem gleichen Prinzip wie der Schirmanguss. Er wird bei flachen Formteilen verwendet und ermöglicht eine günstige Füllung der Kavität (keine Bindenähte und keine Markierung an der Formteiloberfläche).

Tunnelanguss

Der Tunnelanguss (Bild 4.4) wird hauptsächlich bei kleinen Teilen in Mehrfachwerkzeugen sowie elastischen Formmassen eingesetzt. Durch die tunnelartige Anspritzung entsteht eine scharfe Kante zwischen Werkzeugführung und Tunnel, die das Angusssystem beim Entformen vom Formteil trennt. Hierdurch ist also eine automatische Trennung gewährleistet.

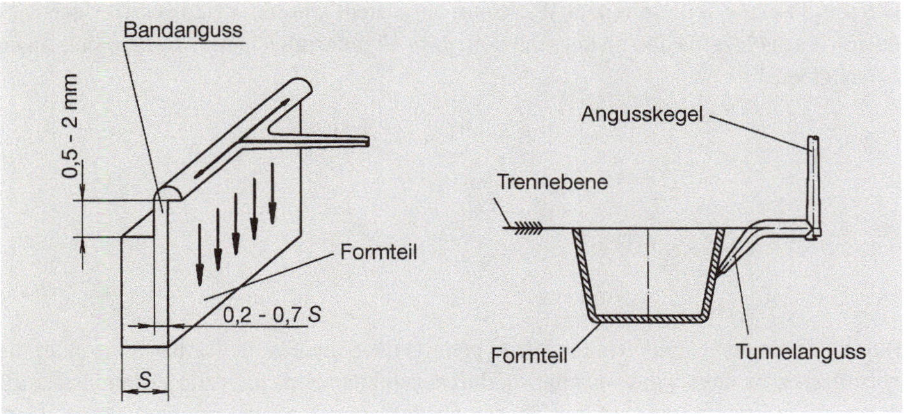

Bild 4.4 Film- oder Bandanguss und Tunnelanguss

Alle bisher gezeigten Angussvarianten haben einen Nachteil: Das Material im Anguss- und Verteilersystem geht verloren. Es kann nur teilweise dem Prozess wieder zugeführt werden. In diesem Fall spricht man dann von einem innerbetrieblichen Recyclingsystem. Aus Kosten- und Umweltschutzgründen wird deshalb versucht, diesen Materialverlust zu vermeiden, indem das Anguss- und Verteilersystem temperiert wird, sodass die Schmelze in diesem Bereich fließfähig bleibt.

Heißkanalsystem
Kaltkanalsystem

Diese Systeme heißen bei der Verarbeitung von Thermoplasten Heißkanalsysteme (Bild 4.5). Bei der Verarbeitung von Elastomeren handelt es sich entsprechend um Kaltkanalsysteme, die ein Vernetzen der Elastomerformmasse bereits im Verteilersystem und Anguss verhindern.

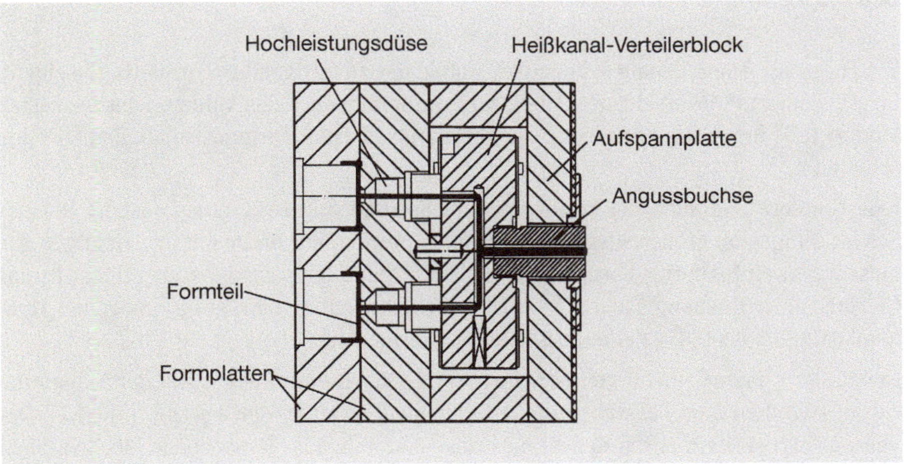

Bild 4.5 Heißkanalsystem aus Verteilblock und Düsen

Anzahl der Kavitäten

Je komplizierter und anspruchsvoller die herzustellenden Formteile sind, desto weniger davon werden gleichzeitig in einem Schuss hergestellt. Der Grund ist: Um die geforderten Eigenschaften zu erreichen, muss man den Prozess sehr genau kontrollieren können. Je mehr Teile in einem Werkzeug hergestellt werden, desto schwieriger wird es, für jedes einzelne Teil sicherzustellen, dass es unter gleichen Prozessbedingungen gefertigt wird.

4.3 Formnest

Durch das Anguss- und Verteilersystem gelangt die Schmelze in das Formnest oder die Formnester, in denen das Formteil dadurch gebildet wird, dass die Formmasse sich durch einen Erstarrungsvorgang (Thermoplaste) bzw. eine Vernetzungsreaktion (Elastomere, Duroplaste) verfestigt (Bild 4.6).

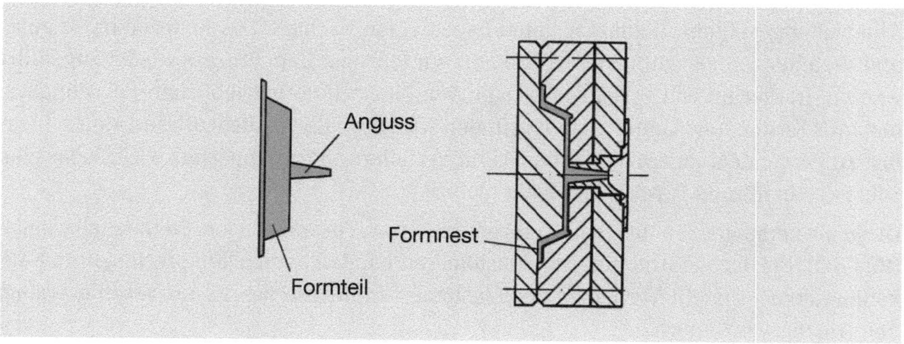

Bild 4.6 Beispiel für ein Formnest

Schwindung

Ein Formnest ist ein genaues, negatives Abbild des zu fertigenden Formteils, die eigentliche „Gießform". Wie bei jedem Gießprozess nimmt jedoch das Volumen des herzustellenden Teils durch die Erstarrung der thermoplastischen Formmasse ab, das Formteil schwindet.

Schwindungsausgleich

Jede Gießform, so auch die Formnester im Spritzgießprozess, muss deshalb um das Schwindungsmaß größer ausgelegt werden. So werden Formteile mit den richtigen Abmessungen einbaufertig hergestellt, wie z. B. Zahnräder passend zum Einbau in das Getriebe einer Küchenmaschine oder Uhr. Die Schwindung beträgt bei amorphen Thermoplasten 0,5 bis 0,8 %, bei teilkristallinen Thermoplasten beträgt sie 1 bis 2 %.

Verzug

Neben der – materialbedingten – Schwindung gibt es eine weitere Art der Maßabweichung zwischen dem Formnest und dem fertigen Formteil, den Verzug (Bild 4.7). Der Verzug zeigt sich am Formteil beispielsweise dadurch, dass lange ebene Flächen leicht gebogen erscheinen.

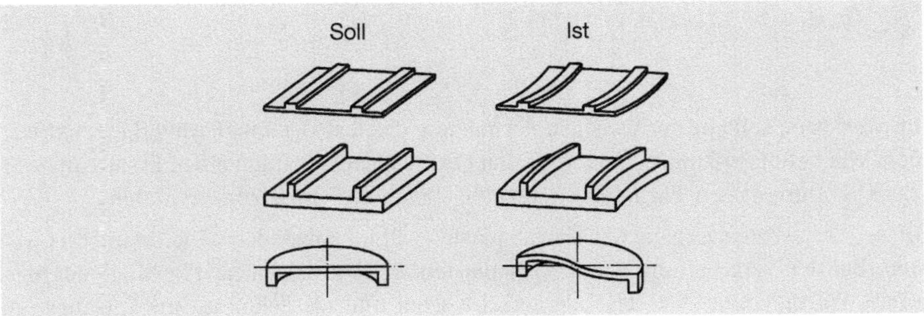

Bild 4.7 Verzug

Abkühlgeschwindigkeit

Der Verzug entsteht durch unterschiedliche Abkühlgeschwindigkeiten an unterschiedlich dicken Stellen des Formteils sowie durch Orientierungen beim Einspritzvorgang.

Orientierung

Orientierungen sind Vorzugsrichtungen der Makromoleküle. Die Makromoleküle können durch den Einspritzvorgang in bestimmte Richtungen ausgerichtet werden. Man sagt, sie werden orientiert und nennt diesen Zustand Orientierung.

Rippen

Da lange ebene Flächen am Formteil oft nicht vermieden werden können, werden nach Möglichkeit Rippen zur Verstärkung der kritischen Bereiche eingesetzt, sodass keine Durchbiegung möglich ist. Beispiele hierfür sind Fernsehergehäuse oder Kopierertüren. Geht das nicht, so müssen Gegenmaßnahmen getroffen werden. Das Formnest kann so gestaltet werden, dass das fertige Formteil später durch den Verzug gerade wird, d. h., der Verzug wird im Vorfeld bei der Formnestkonstruktion berücksichtigt. Eine weitere Möglichkeit ist der Einsatz des Spritzgießsonderverfahrens Gasinjektionstechnik, bei dem durch einen Gasnachdruck gezielt lokal der Schwindung und damit auch dem Verzug entgegengewirkt werden kann (siehe Kapitel 11).

Anschnittlage
Oberflächenmarkierung

Durch den Anschnitt entsteht meist eine Markierung am fertigen Formteil. Diese sollte natürlich nicht an einer optisch besonders anspruchsvollen Stelle des Formteils liegen. Gleichzeitig kann das Verteilersystem auch nicht beliebig kompliziert gestaltet werden, z. B. wegen der maximalen Fließweglänge, die mit dem gewählten Kunststoff möglich ist, oder dem zusätzlichen Materialverlust durch ein größeres Angusssystem. Aus diesen Gründen ist auch die Lage des Formnestes im Werkzeug nicht immer frei wählbar. Weitere Einschränkungen in der Lage der Formnester im Werkzeug ergeben sich dadurch, dass das Formteil auch wieder aus dem Werkzeug entfernt werden muss, ohne das Teil zu beschädigen.

4.4 Temperierung

Im Werkzeug soll aus der flüssigen Formmasse das feste, stabile Formteil erzeugt werden. Wie bereits erläutert, handelt es sich bei Thermoplasten um einen Erstarrungsvorgang bei Duroplasten/Elastomeren um eine chemische Vernetzungsreaktion.

abkühlen
Wärmetransport

Dieser Erstarrungsvorgang bei Thermoplasten soll im Folgenden näher betrachtet werden. Bei der Verarbeitung von Thermoplasten werden diesen im Plastifizieraggregat soviel Wärme zugeführt, dass sie aufschmelzen und als Schmelze ins Formnest gespritzt werden können. Diese Wärme muss der Masse im Werkzeug wieder entzogen werden, damit die Masse zum Formteil erstarren kann. Das Werkzeug muss bei Thermoplasten also in der Lage sein, Wärme vom Formteil weg zu transportieren.

vernetzen

Anders sieht es bei der Verarbeitung von reagierenden Formmassen, bei Elastomeren und Duroplasten, aus. Ihnen wird zwar auch etwas Wärme im Plastifizieraggregat zugeführt, um sie fließfähig zu machen. Das Formteil wird im Werkzeug aber nicht durch Erstarren aus der Schmelze, sondern durch eine chemische Vernetzungsreaktion im Material verfestigt. Um diese Reaktion in Gang zu setzen, ist Wärme notwendig. Zum Bilden des Formteils bei reagierenden Formmassen muss das Werkzeug also in der Lage sein, Wärme zum Formteil zu transportieren.

Temperiersysteme

Dies sind also zwei grundsätzlich verschiedene Anforderungen an Spritzgießwerkzeuge. Werkzeuge zum Verarbeiten von Thermoplasten und von reagierenden Formmassen können deshalb auch sehr unterschiedlich aufgebaut sein.

Thermoplastwerkzeug

Zur Kühlung werden bei Thermoplasten Kanäle ins Werkzeug in Formnestnähe eingebracht, die von Wasser durchströmt werden. Bild 4.8 zeigt den Aufbau einer solchen Flüssigkeitstemperierung. Um ein Netz von Kanälen zu erzeugen, werden Längs- und Querbohrungen in das Werkzeug eingebracht, die danach an bestimmten Stellen verschlossen werden, um einen Temperiermittelkreislauf zu erzeugen. Die Temperiermitteltemperatur beträgt, je nach Formmasse, meist zwischen 30 und 100 °C.

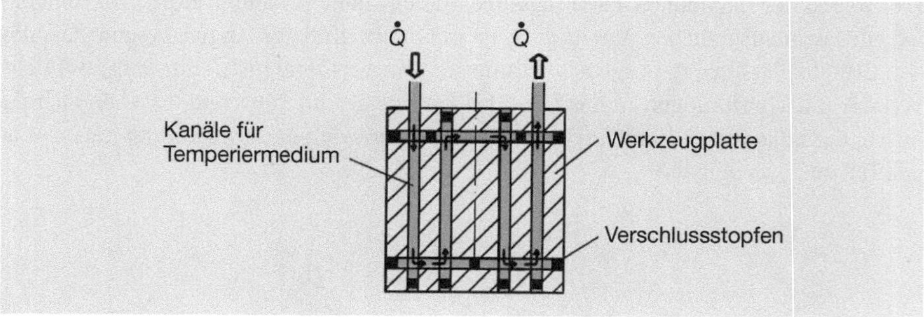

Bild 4.8 Flüssigkeitstemperierung, Wärmestrom $\dot{Q}$ in W

Zum Heizen von Elastomer- und Duroplastwerkzeugen werden oft elektrische Heizpatronen verwendet. Bild 4.9 zeigt schematisch eine elektrische Heizung. Hier werden Heizpatronen in Bohrungen im Werkzeug eingesetzt, um die zur Vernetzung notwendige Temperatur von 150 bis 200 °C zu erreichen. Flüssigkeitstemperierung ist auch möglich, man nimmt dann aufgrund der hohen Temperaturen als Temperiermedium Öl.

Duroplastwerkzeug
Elastomerwerkzeug

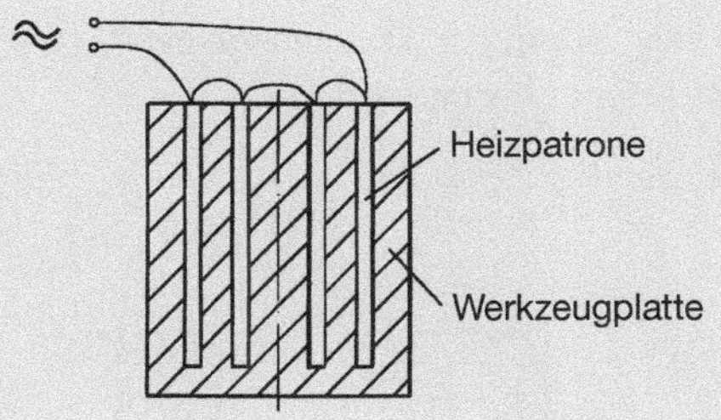

Bild 4.9 Elektrische Heizung

Für oben genannten Aufheiz- bzw. Abkühlprozess wird auch der allgemeine Begriff „Temperieren" verwendet, weil immer ein Wärmetransport stattfindet.

Temperieren

Bei komplizierten Formteilgeometrien reicht eine Temperierung durch konventionelle, gebohrte Kanäle häufig nicht aus. Insbesondere in schlanken Kernen können überhitzte Bereiche entstehen. Die notwendige Zykluszeit wird dadurch unter Umständen verlängert. Es kann zu unzulässig starkem Formteilverzug oder der Ausbildung matter Stellen an der Formteiloberfläche kommen. Abhilfe können in diesem Fall hoch wärmeleitfähige Werkzeugmaterialien schaffen, die einen schnelleren Wärmetransport von der Schmelze in das Temperiermedium ermöglichen. Zum Einsatz kommen beispielsweise Wärmeleitstifte aus Kupfer oder Werkzeugeinsätze aus Kupfer-Beryllium-Legierungen, die sich durch hohe Wärmeleitfähigkeit bei gleichzeitig guter mechanischer Festigkeit auszeichnen.

überhitzte Werkzeugbereiche

Eine intensive Temperierung kritischer Bereiche kann außerdem mithilfe konturfolgender Temperierkanäle erreicht werden. Darunter versteht man Kühlkanäle mit nahezu beliebigem dreidimensionalem Verlauf, die über der gesamten Formteiloberfläche mit geringem Abstand der Formteilkontur folgen. Ein solcher Kanalverlauf kann in generativen Fertigungsverfahren hergestellt werden, bei denen ein Formeinsatz mittels Laser aus einem Pulverwerkstoff aufgebaut wird. Alternativ können konturfolgende Kühlkanäle durch Zerlegen eines Werkzeugeinsatzes in einzelne Schichten, Fräsen der Temperierkanäle in die Trennebenen und anschließendes Fügen der Segmente zu einer Einheit erzeugt werden.

konturfolgende Temperierkanäle

In den meisten Fällen wird das Werkzeug kontinuierlich mit Temperiermittel durchströmt. Zur Regelung der Werkzeugtemperatur wird die Temperatur des Temperiermittels angepasst. Bei einer diskontinuierlichen Temperierung hingegen wird das Temperiermedium in zeitlich begrenzten Impulsen durch das Werkzeug gepumpt. Zur Einhaltung einer konstanten Werkzeugtemperatur wird nicht die Temperatur sondern die Dauer des Impulses angepasst. Mit welchem dieser Ansätze eine kürzere Kühlzeit und bessere Formteilqualität erreicht werden kann, ist stark abhängig von der Formteilgeometrie und den Randbedingungen des Werkzeugaufbaus.

diskontinuierliche Temperierung

4.5 Auswerfersystem

Trennebene entformen

Ist zum Ende des Spritzgießzyklus das Formteil im Formnest erstarrt, so muss dafür gesorgt werden, dass das fertige Formteil aus dem Werkzeug entnommen, also entformt werden kann. Dazu ist das Werkzeug teilbar gestaltet. Es hat eine Trennebene, in der es zu öffnen ist. Bild 4.10 zeigt ein in der Trennebene geöffnetes Werkzeug, bei dem das Formteil durch den Auswerfer entformt wird.

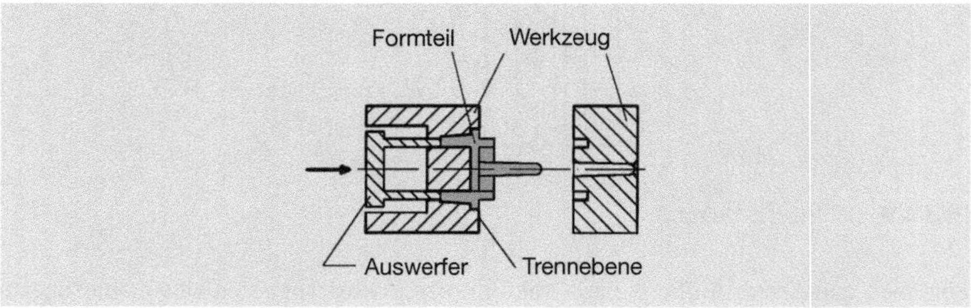

Bild 4.10 Werkzeug mit Trennebene

Sobald das Werkzeug geöffnet ist, kann das Formteil dann von der Trennebene aus dem Werkzeug entnommen werden. Das kann im einfachsten Fall mit der Hand geschehen.

Handentnahme

Da aber das Spritzgießverfahren besonders zur schnellen Herstellung großer Serien von Formteilen eingesetzt wird und am besten vollautomatisch ablaufen sollte, kann man sich vorstellen, dass das Entformen von Hand zu viel Zeit kostet. Außerdem schwankt durch den Eingriff in den Spritzgießzyklus durch den Maschinenbediener die Zykluszeit, was Schwankungen in der Formteilqualität zur Folge haben kann. Das Entformen von Hand wird deshalb bei Thermoplasten auch nur in Ausnahmefällen bei sehr kompliziert geformten oder empfindlichen Teilen eingesetzt.

Elastomere entformen von Hand

Bei Elastomeren sieht es etwas anders aus: Die für die Anwendung von Elastomerformteilen geforderte Elastizität erschwert im Spritzgießzyklus einerseits den automatischen Entformvorgang, andererseits können aber auch nur wegen der Flexibilität der Teile bestimmte komplizierte Formteilgeometrien überhaupt wirtschaftlich im Spritzgießverfahren hergestellt werden. Beispiele sind Faltenbälge und Krümmer. Bei Elastomerformteilen ist deshalb auch in Großserien das Entformen von Hand oft nicht zu vermeiden.

automatisches Auswerfen

Im Allgemeinen werden automatische Auswerfer eingesetzt, die am Ende des Spritzgießzyklus beim Öffnen des Werkzeuges in der Trennebene von der Maschine betätigt werden. Diese Auswerfer sorgen dafür, dass das Formteil von dem es umgebenden Formnest getrennt wird, an dem es durch Hinterschneidungen, Haftkräfte und innere Spannungen festgehalten wird.

Je nachdem, wie das Formteil gestaltet ist, wie es im Werkzeug liegt und welcher Art die Kräfte sind, die es im Formnest festhalten, sind ganz unterschiedliche Arten von Auswerfern einzusetzen. Bild 4.11 zeigt als Beispiel für Auswerfer in einem Spritzgießwerkzeug ein System mit Auswerferstiften.

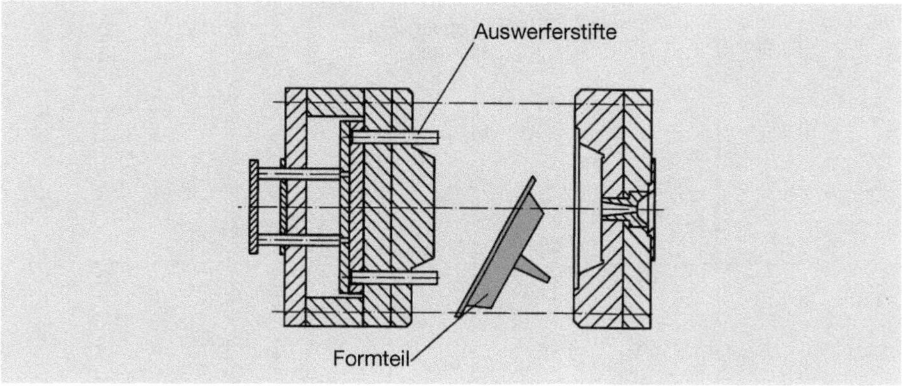

Bild 4.11 Entformen mit Auswerferstiften

Auswerferstifte hinterlassen oft Druckstellen am Formteil und sind möglichst im nicht sichtbaren Bereich des Formteils einzusetzen. Ein weiteres Beispiel, bei dem höhere Auswerferkräfte übertragen werden können, sind Ringauswerfer (Bild 4.12).

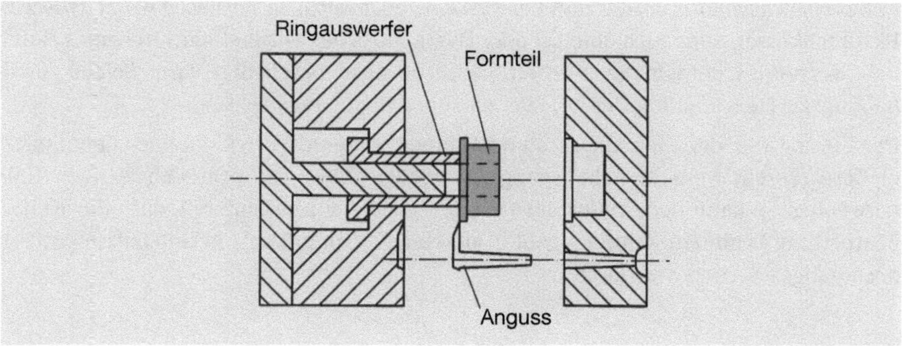

Bild 4.12 Entformen mit Ringauswerfer oder Ausdrückbuchse

Ringauswerfer werden vornehmlich bei rotationssymmetrischen Formteilen eingesetzt.

Hinterschneidungen
zusätzliche Trennebene

Besitzt das Formteil Hinterschneidungen, so reicht es oft nicht, die Auswerfer passend für ein störungsfreies Entformen zu gestalten. In einem solchen Fall muss auch das Werkzeug entsprechend gestaltet sein. Es muss eine zusätzliche Trennebene im Werkzeug vorgesehen werden, die sich ebenfalls beim Entformen öffnet und die Hinterschneidungen freigibt. Ein Beispiel für ein solches Werkzeug zeigt Bild 4.13 in Form eines Backenwerkzeugs.

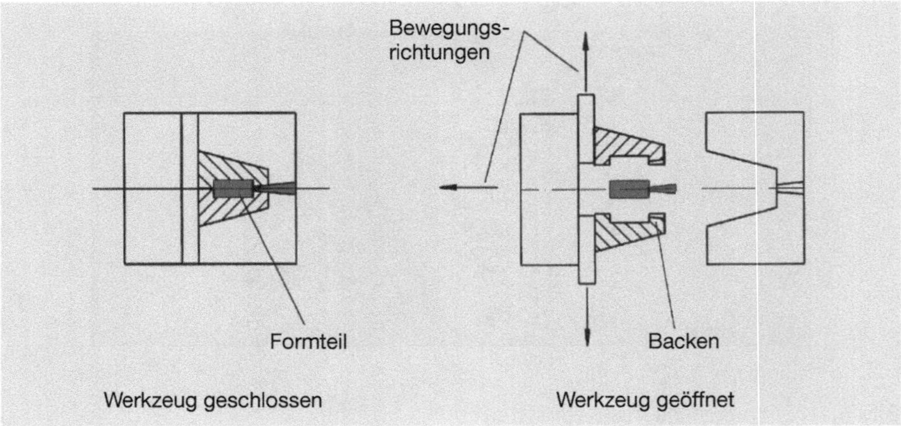

Bild 4.13 Backenwerkzeug

Teiletransport

Bestehen keine hohen Anforderungen an das Formteil, so fällt es nach dem Auswerfen nach unten auf ein Förderband oder in einen bereitstehenden Behälter.

Handhabungsgeräte

Für anspruchsvolle Teile, die zum Beispiel eine hochwertige Oberfläche haben (wie z. B. Pkw-Stoßfänger, aber auch eine CD oder DVD), muss das Formteil mithilfe eines Handhabungsgerätes entnommen werden, damit es nicht beschädigt wird. Solche Handhabungsgeräte (Handling-Geräte) können zum Beispiel Roboter sein.

Positionieren

Der Einsatz von Handhabungsgeräten hat einen weiteren Vorteil: Ist nach dem Spritzgießprozess ein weiterer Arbeitsgang zur Fertigstellung des gebrauchsfertigen Teils notwendig, so kann der Greifer das Formteil gleich so positionieren, dass die Weiterbearbeitung beginnen kann. Es geht also keine Zeit und damit Arbeitsleistung durch nochmaliges Sortieren verloren.

4.6 Erfolgskontrolle zur Lektion 4

Nr.	Frage	Antwortauswahl
1	Im Werkzeug befindet sich u. a. die __________.	*Schnecke* *Kompressionszone* *Kavität*
2	Beim Stangenanguss ist die Angussbohrung im Werkzeug __________.	*zylindrisch* *konisch*
3	Bei einer bestimmten Angussart tritt Schmelze über einen dünnen Spalt in das Werkzeug. Der Spalt ist manchmal nur einige Zehntelmillimeter dünn, daher der Name __________.	*Stangenanguss* *Filmanguss* *Schirmanguss* *Punktanguss*
4	Zur Minimierung der Abfallmenge bei der Formteilherstellung wird insbesondere auch bei teuren Werkstoffen ein __________ eingesetzt.	*Verteilerkanal* *Stangenanguss* *Heißkanal*
5	Man bezeichnet die Volumenabnahme bei der Erstarrung des Formteils als __________.	*Verzug* *Schwindung*
6	Die Schwindung beträgt bei teilkristallinen Thermoplasten _____.	*0,5 - 0,8 %* *1 - 2 %* *10 - 15 %*
7	Durch unterschiedliche Abkühlgeschwindigkeiten an unterschiedlich dicken Stellen des Formteils entsteht __________.	*Verzug* *Schwindung*
8	Werkzeuge zur Verarbeitung von Thermoplasten haben eine __________ Temperatur als die Formmasse beim Einspritzvorgang.	*niedrigere* *höhere*
9	Werkzeuge zur Verarbeitung von Duroplasten und Elastomeren werden __________.	*geheizt* *gekühlt*
10	Nach der Erstarrung im Werkzeug muss das Formteil __________ werden.	*homogenisiert* *entformt*
11	Temperiermedien sind u. a. Wasser und __________.	*Öl* *Natrium*
12	Um das Formteil am Ende des Spritzgießprozesses aus dem Werkzeug zu nehmen, besitzt das Werkzeug eine __________.	*Hinterschneidung* *Trennebene* *elektrische Heizung*
13	Beispiele für Auswerfer in einem Spritzgießwerkzeug sind Ringauswerfer und __________.	*Handhabungsgeräte* *Auswerferstifte*
14	Die CD/DVD wird mit einem __________ hergestellt.	*Schirmanguss* *Punktanguss*

5 Lektion Schließeinheit

Leitfragen

Welche Bauformen von Schließeinheiten gibt es?

Welche Vor- und Nachteile ergeben sich beim Einsatz dieser Bauformen?

Inhalt

Vorwissen

Spritzgießmaschine (Lektion 2)

Werkzeug (Lektion 4)

5.1 Funktion und Aufbau

Wenn Sie diese Lektion durchgearbeitet haben, kennen Sie verschiedene Bauformen von Schließeinheiten und die Vor- und Nachteile beim Einsatz dieser Bauformen.

Zur Erinnerung wollen wir uns noch einmal klar machen, was mit der Formmasse im Verlauf des Spritzgießzyklus passiert:

Einspritzvorgang

Beim Einspritzvorgang wird die in der Plastifizier- und Einspritzeinheit aufbereitete Formmasse in das Formnest, das sich im Werkzeug befindet, eingespritzt. Dort erstarrt die Formmasse zum fertigen Formteil. Das Formteil wird, sobald es erstarrt ist, aus dem Werkzeug entformt, indem das Werkzeug in der Trennebene geöffnet wird.

Aufgaben des Werkzeugs

Die eigentliche Entstehung des Formteils findet also im Werkzeug statt. An das Werkzeug selbst werden deshalb hohe Anforderungen gestellt, die von seinen verschiedenen Bauteilen erfüllt werden müssen.

öffnen und dicht schließen

Dazu kommen noch mehr Aufgaben. Das Werkzeug muss während der Einspritzphase dicht schließen, damit die Formmasse nur ins Formnest und nicht auch in die Trennebene fließt. Gleichzeitig muss es aber zu öffnen sein, um das Formteil zu Ende des Spritzgießzyklus aus dem Formnest lösen zu können.

schnelle und exakte Bewegung

Da der Spritzgießprozess dafür eingesetzt werden soll, viele Formteile in kurzer Zeit herzustellen, sollte diese Werkzeugbewegung möglichst schnell, dabei aber sehr exakt erfolgen.

Für die Aufgaben „Öffnen und dicht Schließen“ sowie „schnelle und exakte Bewegung“ ist die Schließeinheit zuständig.

feste Aufspannplatte bewegliche Aufspannplatte

Die Spritzgießmaschine hat eine feste und eine bewegliche Aufspannplatte. Auf jeder Aufspannplatte ist eine Hälfte des Spritzgießwerkzeugs befestigt. Aufgabe der Schließeinheit ist das Verfahren der beweglichen Aufspannplatte.

Anordnung

Je nach der Bauart der Spritzgießmaschine ist die Schließeinheit waagerecht (horizontal) oder senkrecht (vertikal) angeordnet. Bei Thermoplasten liegt die Schließeinheit meist waagerecht, sodass die Formteile und eventuelle Angussreste aus dem Werkzeug nach unten herausfallen können. Bild 5.1 zeigt die Skizze einer mechanischen Schließeinheit. Die bewegliche Aufspannplatte, in der Mitte der Schließeinheit, kann durch einen geeigneten Antrieb um eine bestimmte Strecke verschoben werden.

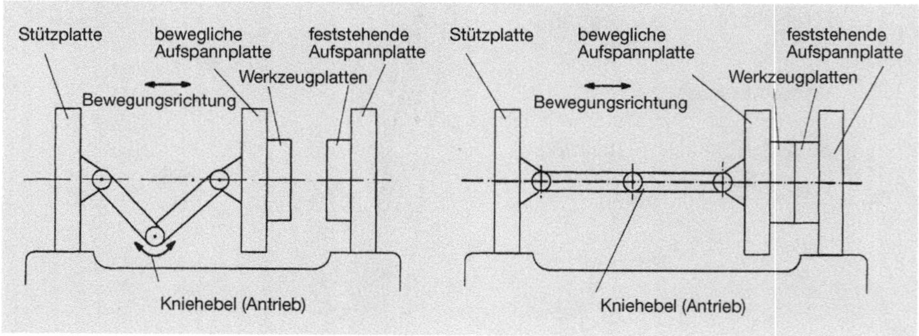

Bild 5.1 Skizze der Schließeinheit

Antrieb

Um die Bewegungen des Werkzeugs durchführen zu können, braucht die Schließeinheit einen Antrieb. Als Antrieb werden zwei vom Prinzip her unterschiedliche Systeme eingesetzt. So unterscheidet man grundsätzlich zwischen mechanischen Schließeinheiten und hydraulischen Schließeinheiten.

5.2 Mechanische Schließeinheiten

Eine Schließeinheit kann vom Prinzip her als eine Presse angesehen werden. Pressen werden seit langer Zeit zu verschiedenen Zwecken eingesetzt (Ölpressen, Druckerpressen, Pressen zum Prägen von Münzen). Die Schließkraft wurde früher auf eine solche Presse durch Drehen einer Spindel aufgebracht. Dieses Prinzip lässt sich auch bei Spritzgießmaschinen anwenden, wird heute jedoch nur noch in Ausnahmefällen eingesetzt. Bild 5.2 zeigt das Prinzipbild einer solchen Spindelpresse. Prinzip

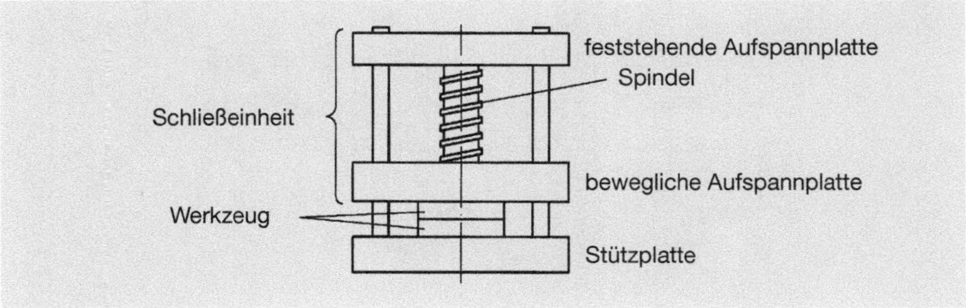

Bild 5.2 Presse

Durchgesetzt als mechanisches System für Spritzgießmaschinen hat sich heute die Kniehebelschließeinheit. Die überwiegende Anzahl an Kniehebelschließeinheiten sind streng genommen keine rein mechanischen Schließeinheiten, weil auch hier Hydraulik für die Bewegung des Kniehebels einsetzt wird. Vom Prinzip her handelt es sich aber schon um ein mechanisches System. Bei sogenannten vollelektrischen Spritzgießmaschinen wird anstelle der Hydraulik ein Elektromotor eingesetzt, dessen rotatorische Bewegung beispielsweise von einer Kugelumlaufspindel in eine translatorische Bewegung umgesetzt wird. Hierbei handelt es sich dann tatsächlich um ein „vollmechanisches“ System. Kniehebel

Wie der Name sagt, beruht die Kniehebelschließeinheit auf dem Einsatz von Hebeln. Hebel haben zwei große Vorteile: Vorteile

1. Durch Ausnutzen unterschiedlich langer Hebelarme kann man bei kleinem Kraftaufwand große Lasten bewegen (Wagenheberprinzip). Kräfte
2. Bei geringer Geschwindigkeit auf der einen Seite des Hebelarms kann man große Geschwindigkeiten auf der anderen Seite erreichen. Geschwindigkeiten

Man beachte, dass die erreichbare Geschwindigkeit und die übertragbare Kraft direkt voneinander abhängig sind. Je größer die übertragbare Kraft ist, desto geringer ist die Geschwindigkeit.

Beide Vorzüge des Hebels nutzt man beim Kniehebel aus: Da man beim Spritzgießprozess für die Bewegung der Maschinenbaugruppen so wenig Zeit wie möglich aufwenden will, ist es sinnvoll, die Schließeinheit mit dem Werkzeug möglichst schnell zu bewegen, wenn sie weit geöffnet ist. Umgekehrt soll die Schließeinheit langsam bewegt werden, wenn das Werkzeug fast geschlossen ist. Man will nicht, dass die Werkzeughälften mit großer Geschwindigkeit aufeinandertreffen. Zeit

Kräfte

Mit den zu übertragenden Kräften sieht es umgekehrt aus. Ist das Werkzeug weit geöffnet, braucht nur soviel Kraft übertragen zu werden, dass die bewegliche Werkzeughälfte verschoben werden kann. Ist das Werkzeug dagegen geschlossen, muss eine sehr hohe Kraft übertragen werden, um das Werkzeug gegen den Einspritzdruck zuzuhalten. Beide Bedingungen kann man mit dem Kniehebel sehr gut erfüllen.

Bild 5.3 zeigt eine Kniehebelschließeinheit, einmal in geschlossener und dann in geöffneter Stellung.

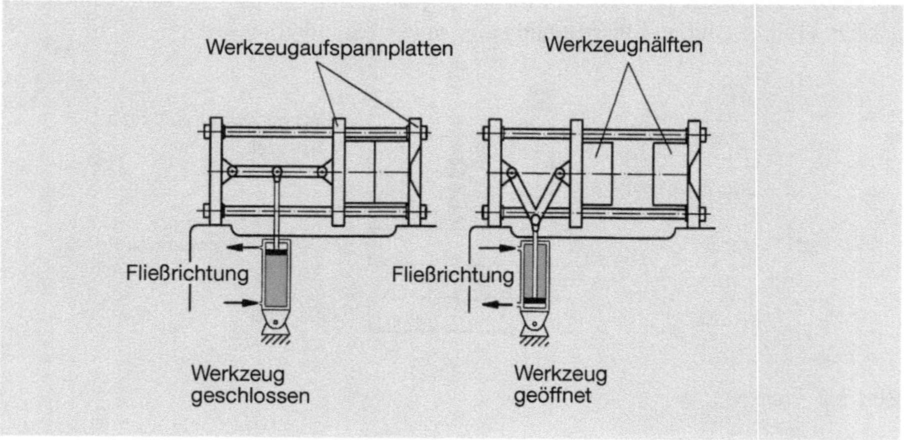

Bild 5.3 Funktionsprinzip eines Kniehebels

Hydraulikkolben

Zum Antrieb des Hebels reicht in allen Fällen ein recht kleiner Hydraulikkolben aus. Ist das Werkzeug einmal geschlossen und der Hebel durchgedrückt, braucht man keine Kraft mehr mit dem Hydraulikkolben aufzubringen.

Bauarten

Je nachdem, wie hoch die Zuhaltekraft ist und mit welchen Geschwindigkeiten das Werkzeug bewegt werden soll, gibt es unterschiedliche Bauarten von Kniehebeln.

Bild 5.4 zeigt ein Beispiel für eine Doppel-Kniehebelschließeinheit. Diese werden üblicherweise bei Schließkräften oberhalb von 500 kN eingesetzt.

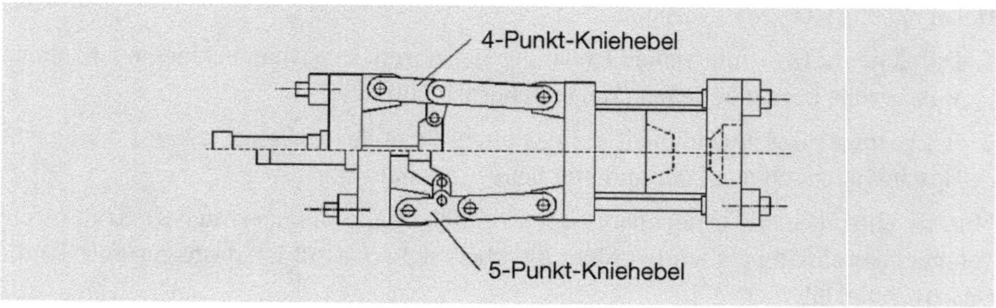

Bild 5.4 Beispiel einer Doppelkniehebelschließeinheit

Längenausgleich

Die vielen Einzelteile einer Kniehebelschließeinheit machen den Bau eines solchen Systems relativ teuer. Die optimale Hebelwirkung mit hoher Kraft bei geringer Geschwindigkeit hat man nur in einem engen Bereich. Das funktioniert auch gut, solange man das Werkzeug nicht wechselt und solange sich die Maße des Werkzeugs nicht - z.B. durch das Aufwärmen des Werkzeugs während der Produktion - ändern. Um diese unvermeidlichen Änderungen ausgleichen zu können, ist hoher maschinenbaulicher Aufwand notwendig.

Zusammen mit anderen Gründen führt das dazu, dass neben den Kniehebelschließeinheiten noch andere Systeme wie die hydraulischen Schließeinheiten eingesetzt werden.

5.3 Hydraulische Schließeinheiten

hydraulische Schließeinheit

Bei hydraulischen Schließeinheiten sorgt ein Hydraulikkolben direkt für die Werkzeugbewegung und das Aufbringen der geforderten Zuhaltekraft. Bild 5.5 zeigt eine hydraulische Schließeinheit. Im linken Teil des Bildes drückt das Hydrauliköl den Schließkolben heraus, damit wird das Werkzeug geschlossen. Im rechten Teil des Bildes wird der Hydraulikkolben zusammengeschoben, in dem der Kolben auf der anderen Seite mit Öl beaufschlagt wird. Das Werkzeug öffnet sich.

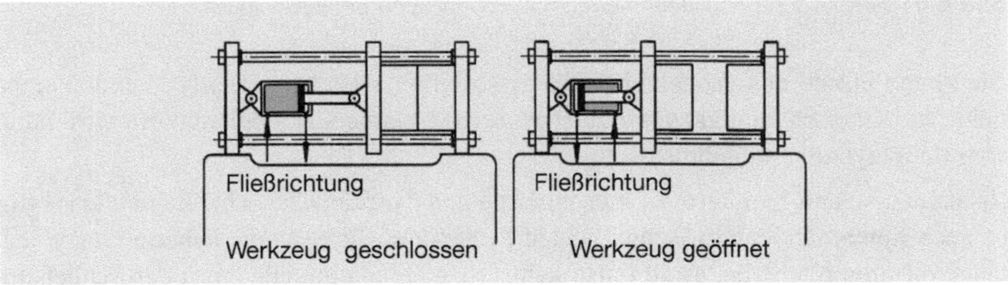

Bild 5.5 Hydraulische Schließeinheit

Öldruck

Größter Vorteil der hydraulischen Schließeinheiten ist es, dass sie sich sehr schnell verschiedenen Werkzeugabmessungen anpassen lassen und auch gegenüber Temperaturänderungen unempfindlich sind. Während ein Hebel nur dann die maximale Kraft aufbringen kann, wenn er vollständig durchgedrückt ist, kann ein Hydraulikkolben an jeder beliebigen Stelle seines Verfahrweges Kraft durch Aufbringen von entsprechendem Öldruck übertragen.

Die Kraft, die mit einem Hydraulikkolben übertragen werden kann, setzt sich zusammen aus dem Öldruck und der Fläche, auf die der Druck wirkt.

Aus praktischen Gründen ist der Öldruck in einer Spritzgießmaschine zurzeit auf maximal 200 bis 250 bar begrenzt. Die erforderlichen hohen Kräfte zum Zuhalten des Werkzeugs erreicht man deshalb eher über eine große druckbeaufschlagte Fläche.

Pumpe
Speicher

Für den Bau einer hydraulischen Schließeinheit hat das aber Nachteile: Zum Füllen eines Zylinders mit großer Fläche, bei dem der Kolben zudem noch einen großen Verfahrweg haben soll, braucht man sehr viel Öl. Denn man muss das Werkzeug ja weit öffnen, um z. B. auch mit einem Handhabungsgerät zwischen die Werkzeugplatten fahren zu können. Das erfordert einen sehr großen Speicher und eine sehr leistungsfähige Pumpe.

Verfahrzylinder
Schließzylinder

Die große Kolbenfläche wird aber nur dann benötigt, wenn Zuhaltekraft aufgebracht werden muss. Zum Verfahren des Werkzeugs reichen geringe Kräfte. Man kombiniert deshalb meist einen kleinen Verfahrzylinder mit einem großen Schließzylinder. Eine Schließeinheit, die auf diese Weise arbeitet, ist in Bild 5.6 dargestellt.

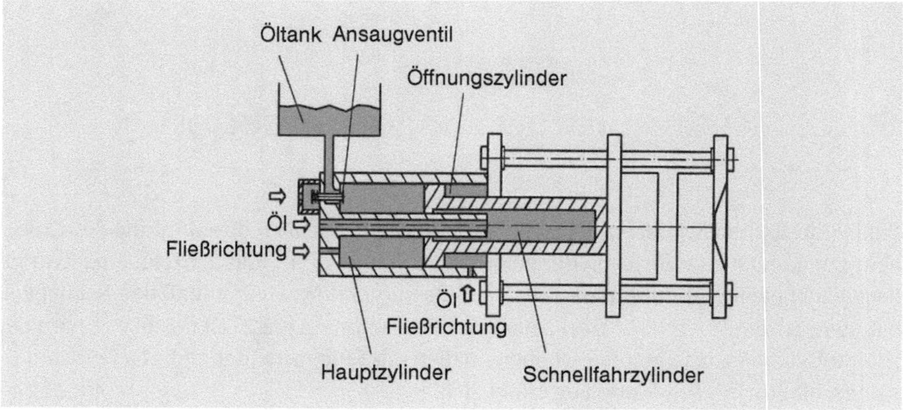

Bild 5.6 Hydraulische Schließeinheiten mit Verfahr- und Schließzylinder

Die kleine Fläche des Schnellfahrzylinders bewirkt, dass trotz relativ kleiner Pumpe hohe Verfahrgeschwindigkeiten realisiert werden können. Die Zuhaltekraft wird dann vom Hauptzylinder aufgebracht.

kombinierte Bauformen

Neben den beiden Hauptarten - mechanische und hydraulische Schließeinheiten - gibt es auch Kombinationen zwischen beiden Systemen. Alle Systeme haben unterschiedliche Vor- und Nachteile, es gibt also keine allgemeine optimale Form der Schließeinheit. Welches System tatsächlich zur Herstellung eines Formteils eingesetzt werden soll, bleibt den Anforderungen des Betreibers überlassen.

CD oder DVD

Zur Herstellung der CD oder DVD beispielsweise werden sowohl Maschinentypen mit Kniehebelschließeinheit als auch mit hydraulischer Schließeinheit eingesetzt.

5.4 Sonderausführungen von Schließeinheiten

Neben den bekannten Standardausführungen der Schließeinheiten in Kniehebel-Bauweise und in der vollhydraulischen Ausrüstung haben sich auf dem Markt Sonderausführungen von Schließeinheiten etabliert. Die wichtigsten werden im Folgenden erläutert.

5.4.1 Holmlose Schließeinheit

Ein Konstruktionsprinzip bei Schließeinheiten sind die sogenannten holmlosen Schließeinheiten. Bei den bisher vorgestellten Schließeinheiten stützt sich der Hauptzylinder bzw. die Kniehebeleinheit an der Stützplatte ab. Die Holme übertragen die Kraft auf die düsenseitige Werkzeugplatte und ermöglichen so den Kraftaufbau. Die Holme schränken allerdings die Zugänglichkeit zum Werkzeug ein. Weiter legt die lichte Weite der Holme die maximale Breite der geeigneten Werkzeuge fest. Größere Werkzeuge lassen sich nur mit erheblichem Aufwand durch das Ziehen eines oder mehrerer Holme einbauen. Dies hat zum Einsatz der bei vertikalen Pressen schon lange bekannten C-Rahmenkonstruktion geführt. Der schematische Aufbau einer solchen Schließeinheit ist in Bild 5.7 dargestellt.

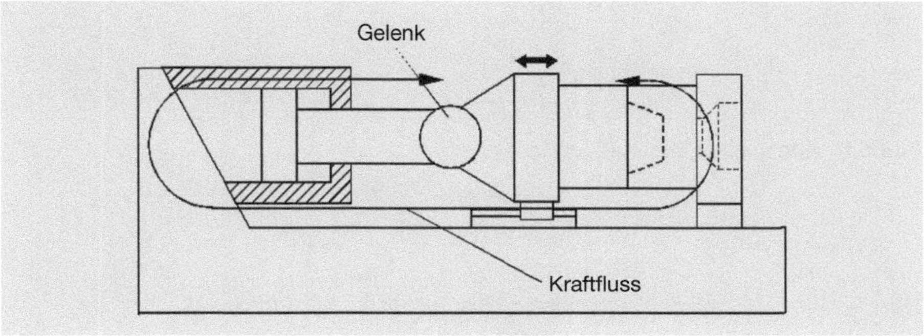

Bild 5.7 Kraftfluss bei einer holmlosen Spritzgießmaschine

Die bewegliche Aufspannplatte wird anstatt auf Holmen auf einer Gleitschiene oder Linearführung geführt. Der Aufbiegung des C-Rahmens durch den Forminnendruck muss konstruktiv entgegengewirkt werden, indem unter anderem ein Gelenk verwendet wird, welches die Plattenparallelität gewährleistet. Weiter werden Torsionselemente sowie hydraulische Zylinder eingesetzt und das Maschinenbett, welches sich bei dieser Bauart im Kraftfluss befindet, wird extrem steif ausgeführt. Dies spiegelt sich im Gewicht der Maschinen wider, welches deutlich höher liegt als bei konventionellen Maschinen. Neben der besseren Zugänglichkeit ist der problemlosere Einbau großer sperriger Werkzeuge mit Kernzügen ein weiterer Vorteil.

5.4.2 2-Platten-Schließeinheit

Der Umstand, dass sich der Werkzeugöffnungsweg doppelt in der Baulänge der Spritzgießmaschine niederschlägt, erfordert gerade bei großen Öffnungswegen (tiefen Werkzeugkavitäten) den Einsatz von sogenannten 2-Platten-Schließeinheiten. Der schematische Aufbau einer solchen Schließeinheit ist in Bild 5.8 dargestellt.

Die bewegliche Aufspannplatte wird über die als Kolbenstange ausgebildeten Holme verfahren und durch den Schließdruck gegen die feste düsenseitige Aufspannplatte gezogen. Die bewegliche Platte stützt sich auf einer Führung auf dem Maschinenbett ab.

Hierdurch wird eine sehr kompakte Bauweise der Schließeinheit erzielt und eine erhebliche Reduzierung der benötigten Aufstellfläche erreicht.

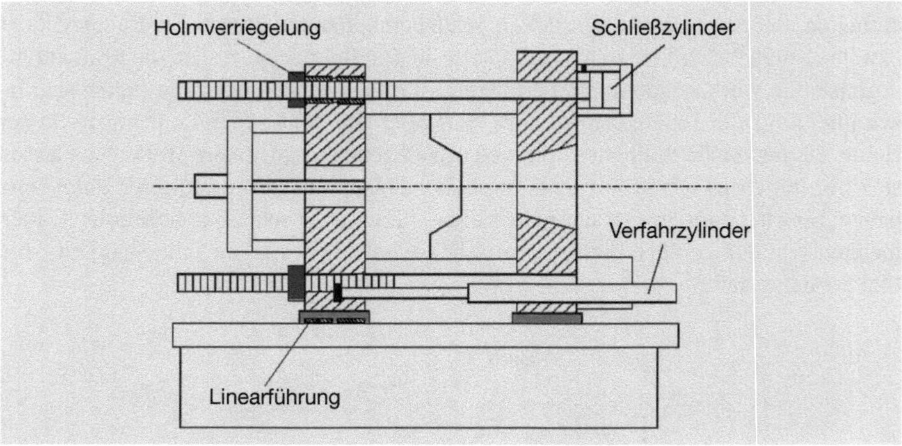

Bild 5.8 Aufbau einer 2-Platten-Schließeinheit

5.5 Erfolgskontrolle zur Lektion 5

Nr.	Frage	Antwortauswahl
1	Als Antrieb für die Schließeinheit werden vom Prinzip her unterschiedliche Systeme eingesetzt. Man unterscheidet zwischen mechanischen und __________ Schließeinheiten.	*hydraulischen* *beweglichen*
2	Als mechanisches System hat sich die __________ durchgesetzt.	*Spindelpresse* *Kniehebelschließeinheit*
3	Bei der Kniehebelschließeinheit treffen die Werkzeughälften mit __________ Geschwindigkeit aufeinander.	*hoher* *niedriger*
4	Bei hydraulischen Schließeinheiten sorgt ein __________ direkt für die Werkzeugbewegung und das Aufbringen der geforderten Zuhaltekraft.	*Kniehebel* *Hydraulikkolben*
5	Die Kraft, die mit einem Hydraulikkolben übertragen werden kann, setzt sich zusammen aus dem Druck und der __________ auf die der Druck wirkt.	*Weglänge* *Fläche*
6	Bei hydraulischen Systemen reichen zum Verfahren des Werkzeugs kleine Kräfte. Man kombiniert deshalb meist einen Verfahrzylinder mit (I) __________ Fläche und einen Schließzylinder mit (II) __________ Fläche.	*großer* *kleiner*
7	Bei einem Hydraulikdruck von 250 bar und einem Kolbendurchmesser von 500 mm ergibt sich eine Zuhaltekraft von __________ kN.	*2300* *4900* *9800*

6 Lektion Antriebssystem und Steuerung

Leitfragen

Welche Aufgaben übernehmen die Baugruppen Antriebssystem und Steuerung?

Aus welchen Hauptbestandteilen bestehen diese Baugruppen?

Inhalt

Vorwissen

Spritzgießmaschine (Lektion 2)

Plastifizier- und Spritzeinheit (Lektion 3)

Schließeinheit (Lektion 5)

6.1 Antriebssystem

Bewegungen

In den vorangegangenen Lektionen wurde der Weg des Materials durch die Spritzgießmaschine bis zum fertigen Formteil vorgestellt. Es wurde gezeigt, dass die Maschine dazu eine Vielzahl von Bewegungen durchführen muss, beispielsweise:

- Schnecke rotieren,
- Schnecke verschieben,
- Plastifizier- und Einspritzeinheit anlegen und abheben,
- Werkzeug öffnen und schließen,
- Auswerfer betätigen.

Für diese Bewegungen werden zwei Typen von Antrieben eingesetzt, der hydraulische und der elektrische Antrieb. Meist werden in einer Maschine beide Typen eingesetzt.

6.1.1 Hydraulischer Antrieb

Am Beispiel der hydraulischen Schließeinheit wurde gezeigt, dass zur Ausführung der Werkzeugbewegung hydraulische Bauteile eingesetzt werden.

lineare Bewegung
Kreisbewegung

Mithilfe der Hydraulik kann man sowohl lineare als auch kreisförmige Bewegungen (Rotationen) ausführen. Dazu verwendet man Kolben oder Hydromotoren. Kolben erlauben eine lineare Bewegung, Hydromotoren setzen den Öldruck in eine Kreisbewegung um (Bild 6.1).

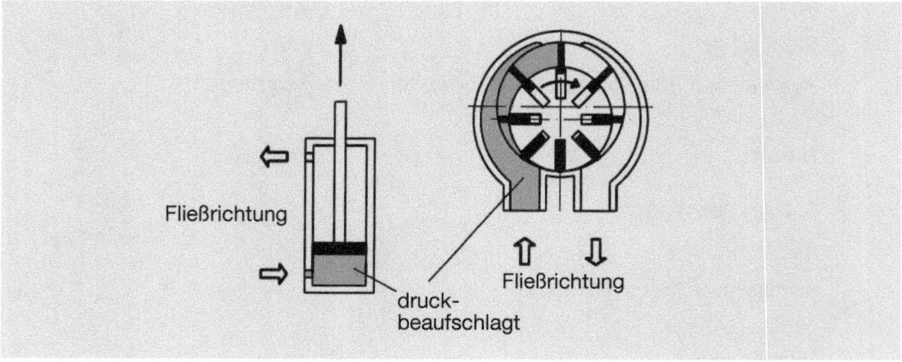

Bild 6.1 Bewegung eines Kolbens und eines Hydromotors

Solche hydraulischen Antriebselemente sorgen auch für die Bewegungen an einer Spritzgießmaschine. Bild 6.2 zeigt, wie durch die Bewegung eines Hydraulikkolbens die Kniehebelschließeinheit einer Spritzgießmaschine bewegt wird.

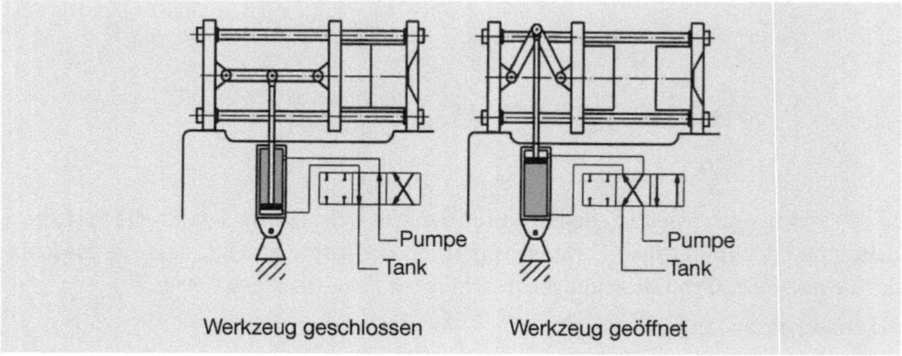

Bild 6.2 Schema der Schließeinheit mit hervorgehobener Hydraulik

Zum Antrieb der hydraulischen Elemente ist notwendig, dass die Hydraulikflüssigkeit zu diesen Elementen unter Druck fließt. Dazu muss eine Pumpe eingesetzt werden. Die Pumpe benötigt wiederum einen Speicher (Tank), aus dem sie die Hydraulikflüssigkeit fördern kann.

Pumpe
Speicher

Natürlich müssen die einzelnen Bauteile der Hydraulikanlage verbunden werden. Dies geschieht durch feste und flexible Leitungen (Schläuche).

flexible Leitungen

Wenn immer von Hydraulikflüssigkeit die Rede ist, kommt das daher, dass früher hydraulische Antriebe mit Wasser ausgeführt wurden, daher auch der Name „Hydraulik" (von „hydro" = Wasser). Heutzutage werden aber in den allermeisten Fällen spezielle Hydrauliköle eingesetzt.

Hydrauliköl

Die Steuerung der Bewegungen der Hydraulikkomponenten erfolgt mit Hilfe von Ventilen, die im Fall eines Hydraulikkolbens der einen oder anderen Zylinderseite unter Druck stehendes Hydrauliköl zuführen, damit der Zylinder eine Bewegung in der gewünschten Richtung ausführt.

Symbole

Zur vereinfachten Darstellung von Ventilen und anderen Hydraulikkomponenten verwendet man in Übersichtszeichnungen Symbole (Bild 6.3).

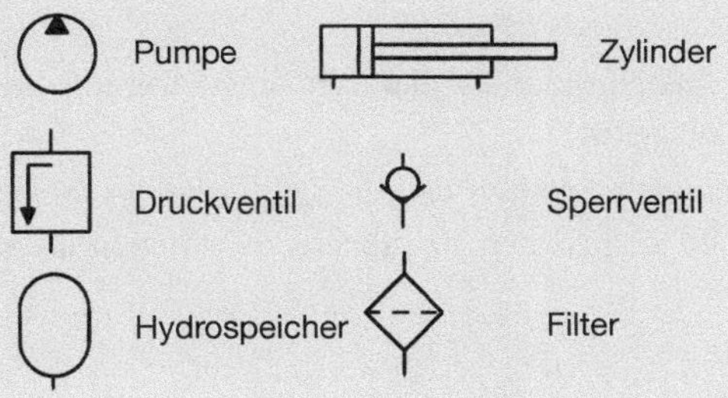

Bild 6.3 Symbole für Hydraulikkomponenten

Bild 6.4 zeigt ein sogenanntes 3/2-Wege-Ventil, das drei Anschlüsse und zwei Schaltstellungen besitzt.

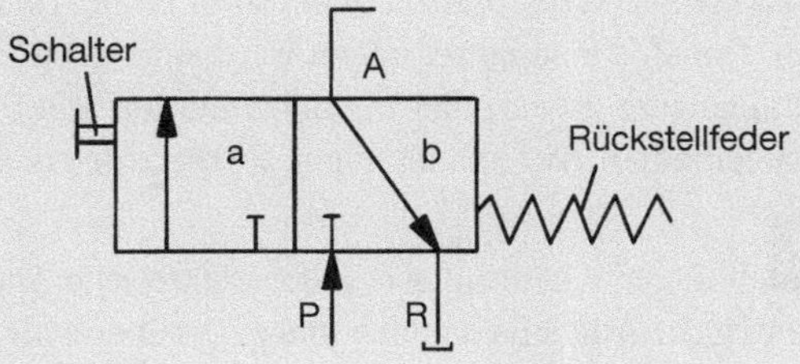

Bild 6.4 3/2-Wege-Ventil
P: Druckleitung a, b: Schaltstellungen des Ventils
R: Rücklauf zum Tank
A: Antrieb

Sperrventil

Ein Sperrventil - zum Beispiel - lässt die Hydraulikflüssigkeit nur in eine Richtung fließen, wobei ein definierter Druck zur Überwindung der Sperrfunktion aufgebracht werden muss.

Elektromagnet

Die Betätigung der Ventile erfolgt meist mit einem Elektromagneten. Bild 6.5 zeigt ein einfaches Beispiel für ein solches Ventil. Wird der Elektromagnet betätigt, bewegt er das Ventil in Stellung a, der Durchfluss durch das Ventil ist möglich. Sobald der Magnet nicht mehr betätigt ist, drückt die Rückstellfeder das Ventil in Stellung b, der Durchfluss ist blockiert.

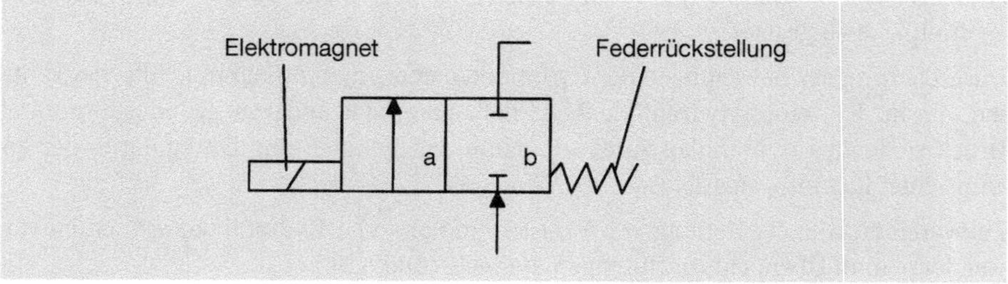

Bild 6.5 Ventil mit Elektromagnetansteuerung und Federrückstellung

Die Kommandos zur Ansteuerung der Elektromagnete werden durch die Steuerung der Spritzgießmaschine ausgelöst.

Neben den beschriebenen einfachen Ventilen gibt es andere Bauarten, mit denen sich beispielsweise auch Durchflussmengen steuern oder regeln lassen (Servoventile, Proportionalventile).

6.1.2 Elektrischer Antrieb

vollelektrische Antriebe

In den letzten Jahren werden zunehmend elektrische Antriebe in Spritzgießmaschinen eingesetzt. In Deutschland konnten sich vollelektrische Maschinen bis 2008 einen Marktanteil von rund 20 % bei einer Schließkraft von bis zu 2000 kN erobern.

Mithilfe elektrischer Antriebe kann man ebenfalls sowohl lineare und kreisförmige Bewegungen ausführen. Kreisförmige Bewegungen werden direkt aus der Drehbewegung von Elektromotoren abgeleitet, lineare Bewegungen werden aus Drehbewegungen mit Hilfe von Maschinenelementen wie Zahnstangen, Kurbelantrieben oder Kugelumlaufspindeln erzeugt.

Eine pauschale Empfehlung für hydraulische oder elektrische Maschinen kann nicht gegeben werden. Elektrische Antriebe haben heute gegenüber hydraulischen Antrieben den Vorteil geringeren Energieverbrauchs, niedrigerer Geräuschentwicklung und verringertem Wartungsaufwand durch den Verzicht auf ein zentrales Hydrauliksystem. Darüber hinaus kann in der Regel eine höhere Positioniergenauigkeit der Achsen erzielt werden. Dem steht heute der niedrigere Preis eines hydraulischen Antriebs gegenüber.

Neben sogenannten vollelektrischen Systemen, bei denen alle Achsen elektrisch betätigt werden, existieren unterschiedliche hybride Bauformen, bei denen nur einzelne Achsen elektrisch betrieben werden, beispielsweise um kostengünstig parallele Bewegungen zu ermöglichen.

Hybridantrieb

6.2 Steuerung

Die Steuerung moderner Spritzgießmaschinen ist direkt in einem in die Maschine integrierten Schaltschrank untergebracht, der die elektrischen und elektronischen Schaltelemente und Regler enthält. Sollwerteingabe und Visualisierung erfolgen über ein Bedienpanel (Tastatur oder Touchscreen) an der Vorderseite der Anlage.

Schaltschrank

Kernstück einer modernen CNC-Maschinensteuerung und -regelung (CNC = rechnerkontrolliert) ist heute ein Rechner, der neben der Steuerung und Regelung der Abläufe im Spritzgießprozess auch Produktionsdaten überwachen und Daten visualisieren und abspeichern kann.

Sollwerteingabe
PC
CNC

Die Rechnersteuerungen haben Datenschnittstellen, um mit anderen Rechnern, beispielsweise für Betriebsdatenerfassung (BDE), Qualitätsdatenmanagement (CAQ), Handlinggeräte oder Temperierung, Daten auszutauschen. Laden und Speichern von Datensätzen sind auch über übliche Speichermedien wie USB-Sticks möglich. Darüber hinaus sind Schnittstellen für Leitrechner oder sogenannte Fernwartung erhältlich, bei dem die gesamte Bedienung der Maschine von einem internen zentralen Rechnersystem oder von einem beliebigen mit entsprechenden Rechten ausgestatteten Rechner aus dem Internet erfolgen kann. Letzteres wird häufig zur kostengünstigen Wartung der Maschinen von den Herstellern eingesetzt.

Schnittstellen
BDE
CAQ

Bei alten aber durchaus noch in der Industrie anzutreffenden Maschinen ist es üblich, dass die Sollwerte für die Maschineneinstellung über Endschalter direkt an den Baugruppen oder über Drucktasten am Schaltschrank eingestellt werden.

Endschalter

6.3 Erfolgskontrolle zur Lektion 6

Nr.	Frage	Antwortauswahl
1	Zur Ausführung der Werkzeugbewegungen werden meist __________ oder __________ Bauteile eingesetzt.	*pneumatische* *hydraulische* *elektrische*
2	Mithilfe der Hydraulik kann man sowohl lineare als auch kreisförmige Bewegungen ausführen. Dazu verwendet man Kolben für lineare Bewegungen und __________ für kreisförmige Bewegungen.	*Hydromotoren* *Ventile* *Schalter*
3	Zum Fördern der Hydraulikflüssigkeit ist eine __________ notwendig.	*Schnecke* *Pumpe*
4	Die Steuerung der Bewegungen der angesprochenen Hydraulikkomponenten erfolgt mit Hilfe von __________.	*Elektromotoren* *Ventilen*
5	Kernstück einer modernen Maschinensteuerung und -regelung ist heute __________, der neben der Steuerung und Regelung der Abläufe im Spritzgießprozess auch Produktionsdaten überwachen und Daten abspeichern kann.	*der Schaltschrank* *ein Mikrorechner* *der Bildschirm*
6	Benennen Sie die folgenden Hydraulikkomponenten:  __________  __________	*Zylinder* *Druckventil* *Hydrospeicher* *Schnecke* *Sperrventil*
7	Die Hydraulikflüssigkeit ist heute in der Regel __________.	*Wasser* *Hydrauliköl*

7

Lektion

Spritzgießprozess

Leitfragen

Welche Funktionen haben die Hauptbaugruppen in den einzelnen Prozessabschnitten?

In welche Abschnitte unterteilt sich der Spritzgießprozess?

Welche Maschinenbewegungen gehören zu den einzelnen Prozessabschnitten?

Inhalt

Vorwissen

Spritzgießmaschine (Lektion 2)

Plastifizier- und Spritzeinheit (Lektion 3)

Werkzeug (Lektion 4)

Schließeinheit (Lektion 5)

Hydraulik, Steuerung, Elektrik (Lektion 6)

7.1 Phasen eines Spritzgießzyklus

Phasen

In dieser Lektion wird der Spritzgießprozess mit seinen Abschnitten Einspritzphase, Nachdruckphase, Abkühlphase, Dosierphase und Entformen vorgestellt und die Maschinenbewegungen zu den einzelnen Prozessabschnitten beschrieben. Bei der Elastomer- und Duroplastverarbeitung tritt anstelle der Abkühlphase (bei Thermoplastverarbeitung) eine Heizphase.

In den Lektionen 2 bis 6 wurden die Baugruppen einer Spritzgießmaschine vorgestellt, mit deren Hilfe das Material aus dem Rohstoff zum fertigen Spritzgießformteil ausgeformt wird.

Baugruppen

Um ein Spritzgießformteil herzustellen, müssen die einzelnen Baugruppen der Maschine auf sinnvolle Weise zusammenwirken. Das Zusammenwirken ergibt den Spritzgießprozess, in dessen Verlauf das Formteil gebildet wird.

Spritzgießzyklus

Der Spritzgießprozess besteht aus einzelnen Phasen, die aufeinander folgen bzw. sich überlappen und sich laufend wiederholen. Man bezeichnet einen solchen Vorgang als Zyklus und spricht deshalb auch vom sich wiederholenden Spritzgießzyklus. Üblicherweise laufen heute die Phasen innerhalb des Spritzgießzyklus automatisch nacheinander ab.

automatische Wiederholung

Meistens wiederholt sich auch der Zyklus automatisch. Nur unter bestimmten Bedingungen und bei speziellen Formteilen kann es notwendig sein, dass die Maschine am Ende eines Zyklus anhält. Sie wird dann nach dem Eingreifen durch den Maschinenbediener für den nächsten Zyklus vorbereitet und gestartet, so etwa bei Elastomerformteilen, die von Hand entnommen werden müssen. Bild 7.1 zeigt die verschiedenen Phasen eines Spritzgießzyklus und ihre Reihenfolge.

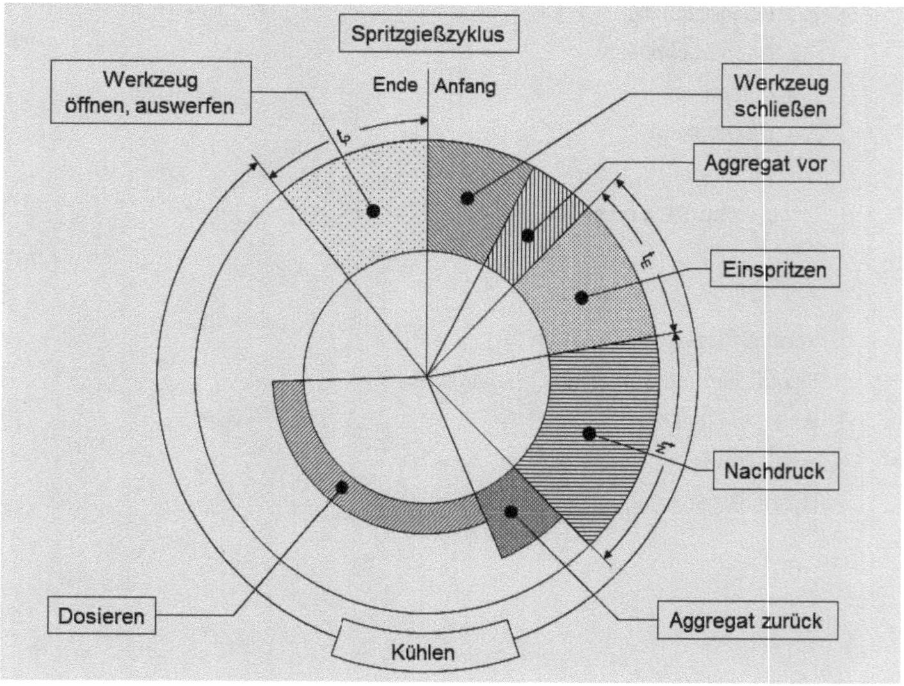

Bild 7.1 Spritzgießzyklus für Thermoplaste

Um die zeitliche Abfolge der einzelnen Verfahrensschritte zu verdeutlichen, sind in Bild 7.2 die Arbeitsgänge schematisch über die Zeit aufgetragen.

zeitliche Abfolge

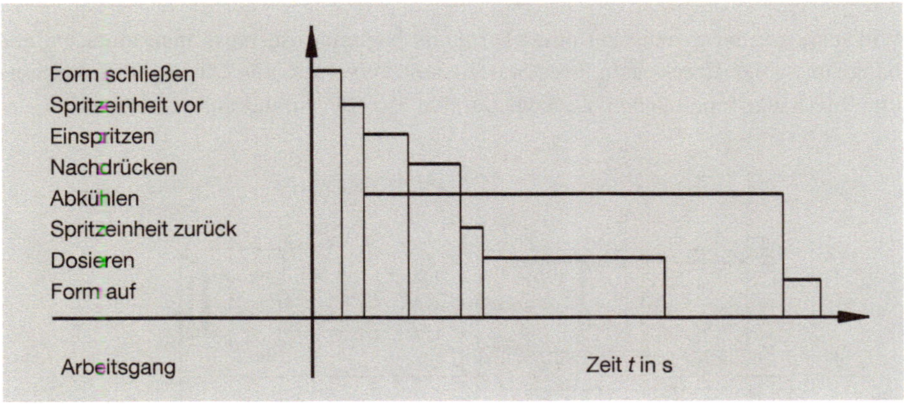

Bild 7.2 Zeiten eines Spritzgießzyklus

Die CD oder DVD beispielsweise wird vollautomatisch produziert. Der Maschinenbediener greift hier nur ein, wenn Störungen auftreten.

CD oder DVD

Am Beispiel der CD/DVD sind die verschiedenen Zeiten eines Spritzgießzyklus dargestellt, siehe Tabelle 7.1.

Spritzgießzyklus der CD/DVD

Tabelle 7.1 Zeiten eines Spritzgießzyklus

Phase	Zeit *t* in s
Werkzeug schließen	0,3
Einspritzen	0,2
Nachdruck	0,2
Restkühlzeit	1,9
Werkzeug öffnen	0,3
Handling (mit Abstanzen des Angusses)	0,3
Gesamtzeit	**3,2**

Die CD/DVD zählt mit dieser kurzen Zykluszeit zu den schnell laufenden Formteilen, ähnlich wie Formteile für die Verpackungsindustrie (z. B. Becher). Zykluszeiten von Formteilen können aber auch eine halbe bis mehrere Minuten betragen. Dies hängt insbesondere von der Wanddicke und weiteren Einflussgrößen ab, wie z. B. Formteilvolumen, Werkstoff, Angussart, Entformungsmöglichkeit u. v. m.

CD oder DVD

Die Bildung des Formteils ist nicht direkt zu verfolgen. Man kann jedoch an den Baugruppen der Maschine erkennen, in welcher Phase des Spritzgießzyklus sich die Maschine befindet.

Parallel zur Beschreibung der Phasen des Spritzgießzyklus aus der Sicht des Materials soll deshalb auch erklärt werden, in welcher Form die Baugruppen der Maschine beteiligt sind.

7.2 Start

Maschine

Will man mit der Produktion eines Formteils beginnen, so muss man zunächst alle Baugruppen der Maschine in ihren Startzustand versetzen. Bild 7.3 zeigt die Maschine und ihre Baugruppen in dem Zustand, der den Start der Produktion ermöglicht.

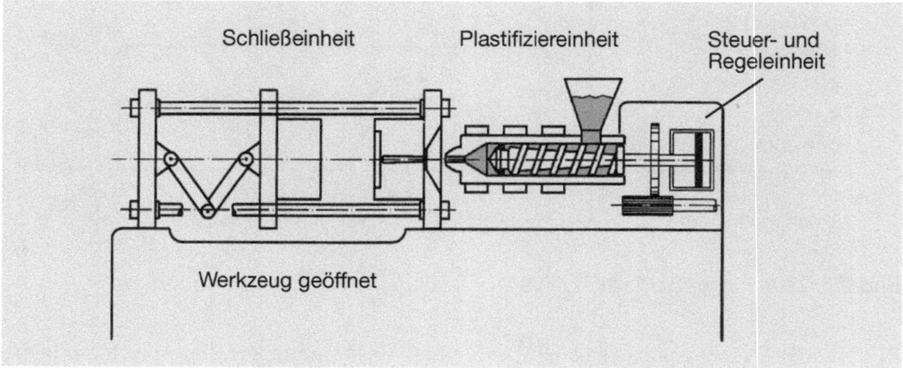

Bild 7.3 Spritzgießmaschine und ihre Baugruppen: Startstellung

7.2.1 Werkzeug und Schließeinheit

Das Werkzeug ist geöffnet, es befindet sich kein Formteil im Formnest des Werkzeugs, die Auswerfer sind zurückgezogen. Das Werkzeug ist auf die vorgeschriebene Temperatur temperiert.

7.2.2 Plastifiziereinheit

Schnecke und Zylinder

Schnecke und Zylinder der Plastifiziereinheit sind auf die vorgeschriebene Temperatur aufgeheizt, die Schnecke ist zurückgezogen, vor der Schnecke im Schneckenvorraum befindet sich plastifiziertes, aufgeschmolzenes Material. Die Düse ist verschlossen, sodass kein Material austreten kann.

7.2.3 Steuerung

Fehlermeldung

Die Steuerung ist im Zustand Halbautomatik - wenn ein einzelner Zyklus ablaufen soll - oder Vollautomatik - wenn eine quasi unbegrenzte Zahl von Zyklen ablaufen soll. Der Maschinenbediener muss den Ablauf per Tastendruck starten. Meist kann der Ablauf auch nur dann gestartet werden, wenn alle Baugruppen der Maschine sich im Startzustand befinden. Ist das nicht der Fall, gibt die Steuerung eine entsprechende Fehlermeldung aus oder stellt den Startzustand automatisch her.

7.2.4 Hydraulik und Elektrik

Bei den nachfolgenden Ausführungen sollen nur Maschinen betrachtet werden, deren Hauptbewegungsmechanismen (Plastifizieren, Einspritzen, Werkzeug öffnen/schließen) hydraulisch realisiert werden, da dieser Maschinentyp überwiegend im praktischen Einsatz zu finden ist, wobei jedoch vollelektrische Maschinen oder Hybridmaschinen (Hauptbewegungsrichtungen teilweise hydraulisch, teilweise elektrisch realisiert) zunehmend an Bedeutung gewinnen.

Betriebstemperatur des Hydrauliköls

Voraussetzung für den Start der Produktion ist natürlich, dass Hydraulik und Elektrik der Maschine eingeschaltet sind. Das Hydrauliköl der Maschine muss außerdem auf der vorgeschriebenen Betriebstemperatur sein.

Material

Das Material befindet sich vor der Schnecke im Schneckenvorraum. Es ist aufgeschmolzen und homogenisiert. Es hat bei der Verarbeitung von üblichen Thermoplasten (ABS, PA, PE) eine Temperatur von etwa 200 bis 300 °C. Das Material zur Herstellung von CDs (PC) wird auf etwa 330 °C aufgeheizt. Die Konsistenz des flüssigen Kunststoffes ist etwa mit der von Honig vergleichbar. Gibt der Maschinenbediener das Startsignal, so beginnt der Spritzgießzyklus mit dem Schließen des Werkzeugs.

7.3 Einspritzphase

Maschine

Die Baugruppen der Maschine gehen in den folgenden Betriebszustand über (Bild 7.4).

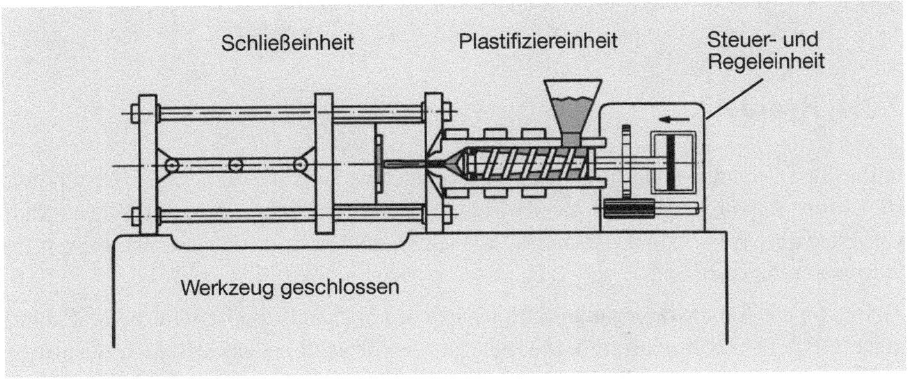

Bild 7.4 Spritzgießmaschine und ihre Baugruppen: Einspritzphase

7.3.1 Werkzeug und Schließeinheit

Zuhaltekraft

Die Schließeinheit fährt die beiden Hälften des Werkzeugs zusammen. Es wird die Zuhaltekraft (Schließkraft) aufgebaut und das Werkzeug so fest verriegelt.

7.3.2 Plastifiziereinheit

Die Plastifiziereinheit fährt gegen den Angusskanal im Werkzeug. Die Düse wird geöffnet und das vor der Schnecke befindliche Material wird ins Werkzeug eingespritzt, indem die Schnecke nach vorn bewegt wird.

Rückströmsperre

Sobald die Schnecke sich nach vorn bewegt, wird durch die Masse, die sich im Schneckenvorraum befindet, Druck auf die Rückströmsperre ausgeübt. Diese bewegt sich daraufhin nach hinten und verhindert, dass Masse über die Schneckengänge nach hinten strömen kann. Die Schnecke wirkt so beim Einspritzvorgang als Kolben (Bild 7.5).

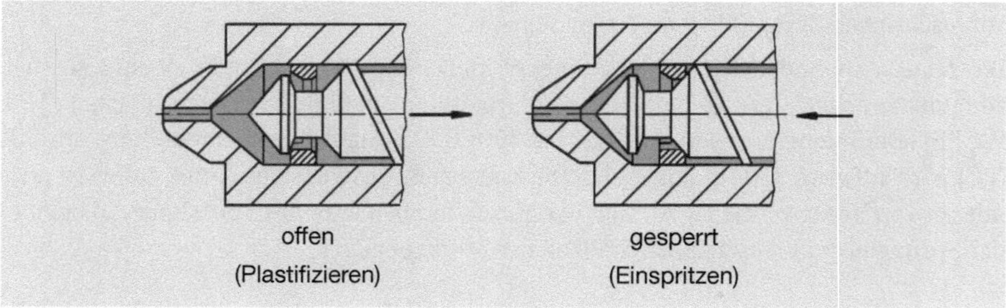

Bild 7.5 Schnecke, Zylinder und Rückströmsperre

7.3.3 Steuerung

Die Steuerung muss dafür sorgen, dass die Bewegungen der Baugruppen koordiniert und mit den vorgesehenen Geschwindigkeiten und Drücken ablaufen. Dabei werden sehr hohe Anforderungen an die Genauigkeit der Steuerung gestellt.

7.3.4 Hydraulik

Leistungsspitze

In der Einspritzphase hat die Hydraulik ihre höchste Leistung zu bringen. Neben dem Halten der Zuhaltekraft muss die Hydraulik in der Lage sein, gegen die Widerstände von Düse und Werkzeug das Material mit hoher, aber definierter Geschwindigkeit ins Formnest einzuspritzen.

Material
Verschlussdüse

Zu Beginn des Einspritzvorgangs befindet sich das Material aufgeschmolzen und homogenisiert im Schneckenvorraum. Die Düse ist verschlossen, sodass kein Material austreten kann. Sobald das Plastifizieraggregat an das Werkzeug herangefahren ist, kann die Düse geöffnet werden, sodass der Weg für das Material ins Werkzeug freigegeben ist.

Kavität
Formnest

Zur gleichen Zeit wird von der Hydraulik Druck auf die axial bewegliche Schnecke erzeugt, die sich damit nach vorn, also in Richtung Düse bewegt. Das Material wird dadurch aus dem Schneckenvorraum verdrängt und in das Formnest geschoben.

Kühlung

Im Formnest muss sich das fließfähige, aufgeschmolzene Material wieder verfestigen, damit später das fertige Formteil entnommen werden kann. Dazu ist das Werkzeug bei thermoplastischen Werkstoffen gekühlt bzw. temperiert, um dem Material die beim Aufschmelzen eingebrachte Wärme wieder zu entziehen, damit es erstarren kann.

Sobald die Formmasse beim Einspritzvorgang in Kontakt mit dem Werkzeug gerät, beginnt sie abzukühlen und sich zu verfestigen. Das Einspritzen muss also sehr schnell geschehen, damit das Formnest gefüllt wird, solange die Formmasse fließfähig ist. Geschwindigkeit

Dazu ist sehr hoher Druck erforderlich, denn die Formmasse ist trotz der hohen Temperaturen nur zähflüssig. Sie muss beim Strömen den Widerstand durch die Düse, den Anguss und das Formnest überwinden. Der Druck vor der Schnecke kann beim Einspritzen deshalb über 2000 bar betragen. Druck

Durch die Widerstände in der Düse, im Anguss, im Anschnitt und im Formnest baut sich dieser Druck in Fließrichtung langsam ab. Trotzdem werden auch im Werkzeug sehr hohe Drücke erreicht. Die Schließeinheit muss in der Lage sein, über die Schließkraft das Werkzeug gegen diese Drücke dicht zu halten. Schließkraft

Bild 7.6 zeigt den typischen Verlauf des Drucks an einem Ort im Werkzeug, vor der Schnecke und in der Hydraulik der Maschine. Man sieht, dass der Druck im Werkzeug seinen maximalen Wert dann erreicht, wenn soviel Masse ins Werkzeug gefördert wurde, dass alle Hohlräume ausgefüllt sind. Druckverlauf

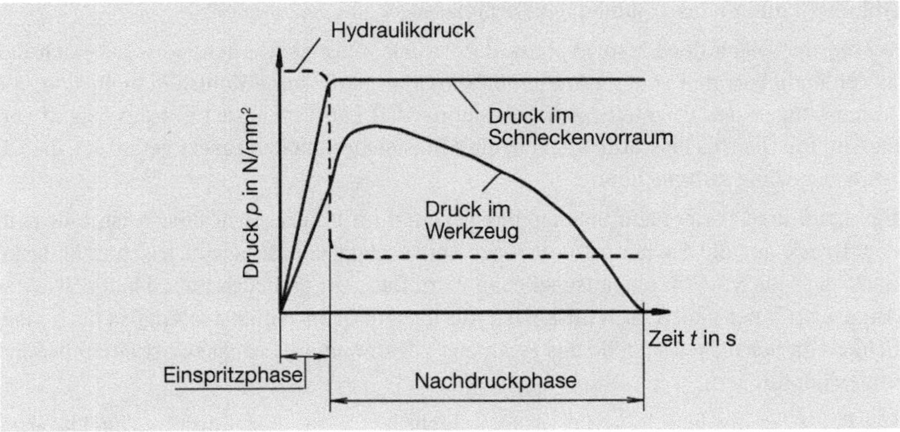

Bild 7.6 Druckverläufe während des Spritzgießprozesses

Der Hydraulikdruck ist tatsächlich viel geringer als in Bild 7.6 dargestellt. Das liegt daran, dass dieser Druck über den Hydraulikkolben (siehe Bild 7.3 rechts) auf einen höheren Druck übersetzt wird. Der Druck der Hydraulikflüssigkeit ergibt zusammen mit der großen Fläche des Hydraulikkolbens eine große Kraft auf die Schnecke. Diese Kraft erzeugt im Schnecken-vorraum den hohen Druck. Hydraulikdruck

Die Formmasse ist zum großen Teil noch flüssig, sodass der von der Schnecke aufgebrachte Druck fast vollständig ins Werkzeug übertragen werden kann. Jetzt ist der kritischste Zeitpunkt der Einspritzphase gekommen. Würde man den Einspritzdruck weiter aufrecht erhalten, könnte im Werkzeug ein so hoher Druck entstehen, dass die Trennebene trotz aufgebrachter Schließkraft aufgedrückt und Formmasse aus dem Formnest austreten würde. kritischer Zeitpunkt

Gratbildung
Überspritzen
Schäden

Das kann erhebliche Folgen haben. Das Formteil hat einen Grat (Schwimmhaut) und muss nachgearbeitet oder weggeworfen werden. Wesentlich kritischer können die Folgen für das Werkzeug oder die Maschine sein. Durch die hohen Kräfte kann es zu schweren Schäden am Werkzeug oder an der Schließeinheit kommen.

Umschalten

Es ist also sehr wichtig, dass der Einspritzdruck rechtzeitig abgeschaltet wird. Das darf nicht zu früh geschehen, weil sonst Formteile hergestellt werden, die nicht vollständig gefüllt sind. An die Steuerung und die Hydraulik der Maschine werden besonders in dieser Phase des Umschaltens auf Nachdruck sehr hohe Anforderungen an die Genauigkeit gestellt.

7.4 Nachdruckphase

Material
Schwindung

Sobald die Formmasse das Werkzeug füllt, beginnt sie, von der Werkzeugwand nach innen abzukühlen. Eine Zeit lang ist sie im Innern des Formteils noch flüssig. Beim Abkühlen nimmt das Volumen der Formmasse ab, sie „schwindet“.

CD

Würde man nach der Einspritzphase den Druck völlig abschalten, so würde sich das abkühlende Formteil von der Wand ablösen. Man hätte keine Kontrolle mehr über die Abmessungen des Formteils. Am Beispiel der CD kann man sich gut die Folgen vorstellen: Die Oberfläche würde uneben, die Abtastsicherheit des Lasers gefährdet, die CD wäre also völlig unbrauchbar.

Angusslage

Das kann man vermeiden: Solange das Formteil im Innern noch flüssig ist, hält man den Druck auf die Formmasse aufrecht und schiebt gerade soviel frisches Material nach, dass die Schwindung ausgeglichen wird. Das geht natürlich nur so lange, wie der Anguss im Innern auch noch flüssig ist. Aus diesem Grund sollte der Anguss nach Möglichkeit an der dicksten Stelle des Formteils liegen und außerdem selbst entsprechend dimensioniert sein.

Siegelpunkt

Die Phase, in der gerade soviel Druck aufgebracht wird, dass durch nachgefördertes Material die Schwindung ausgeglichen wird, bezeichnet man als Nachdruckphase. Diese Phase muss so lange dauern, bis der Anguss erstarrt ist, das heißt, bis keine Schmelze mehr ins Formteil nachgedrückt werden kann. Dieser Zeitpunkt wird „Siegelpunkt“ genannt.

Idealverlauf

Da im Gegensatz zur Einspritzphase keine Strömungswiderstände mehr überwunden werden müssen, und fast keine Materialbewegung mehr stattfindet, kann der Nachdruck in der Regel niedriger als der Spritzdruck eingestellt werden.

Wichtig ist, dass der richtige Druck eingestellt wird, denn ein zu niedriger Nachdruck oder eine zu kurze Nachdruckzeit hätte wieder zur Folge, dass ein fehlerhaftes Formteil produziert wird. In Bild 7.7 ist der Idealverlauf für den Druck im Werkzeug dargestellt.

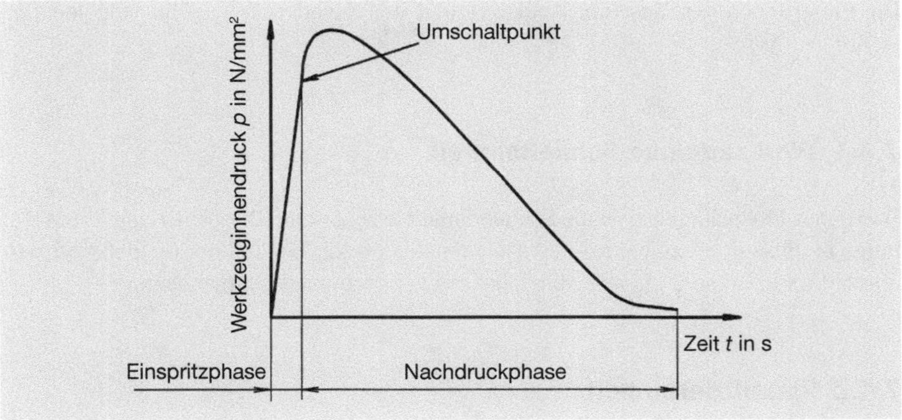

Bild 7.7 Idealverlauf für den Druck im Werkzeug

Für den Einrichter einer Spritzgießmaschine sind solche Werkzeuginnendruckkurven eine sehr gute Hilfe zum Finden der optimalen Zeiten und Drücke in der Einspritz- und Nachdruckphase. Anhand einer solchen Kurve kann man sehr viele Aussagen über die Qualität der Produktion und der Formteile machen.

Wichtig ist insbesondere der richtige Zeitpunkt des Umschaltens zwischen Einspritz- und Nachdruckphase. Bild 7.8 zeigt einige Beispiele für fehlerhafte Werkzeuginnendruckkurven. Schaltet man zu früh um, ergibt sich ein Druckeinbruch. Es besteht die Gefahr, dass das Formnest nicht vollständig gefüllt werden kann. Schaltet man zu spät um, entsteht eine Druckspitze, die auf Dauer zu Schäden am Werkzeug und Maschine führen kann.

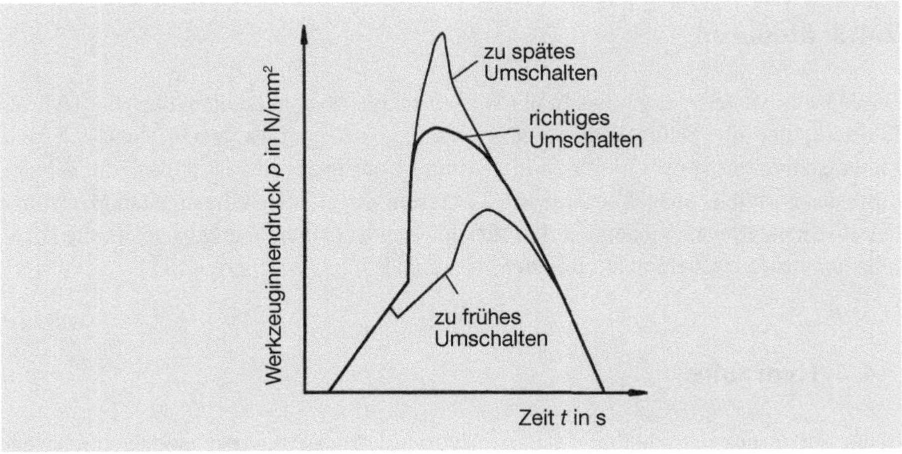

Bild 7.8 Fehlerhafte Werkzeuginnendruckkurven

Maschine

Die Baugruppen der Maschine sind während der Nachdruckphase im folgenden Zustand:

7.4.1 Werkzeug und Schließeinheit

Wie in der Einspritzphase ist die Schließeinheit geschlossen. Die Werkzeughälften sind unter Einfluss der Schließkraft fest zusammengepresst. Ein Teil der Schließkraft wird durch die von innen wirkende Auftriebskraft der Formmasse aufgehoben.

7.4.2 Plastifiziereinheit

Schwindungsausgleich

Die Plastifiziereinheit ist an das Werkzeug herangefahren. Die Düse ist geöffnet und die Schnecke ist mit Druck beaufschlagt, sodass Formmasse aus der Schnecke ins Formnest gedrückt werden kann, um die Schwindung des Formteils auszugleichen, bis der Anguss erstarrt ist.

Massepolster

Wichtig ist, die Position der Schnecke in der Nachdruckphase näher zu betrachten. Zu Beginn der Nachdruckphase ist der größte Teil des Materials, das ins Formnest soll, bereits dort. Ein geringer Teil wird zum Schwindungsausgleich nachgedrückt. Auch zum Ende der Nachdruckphase sollte sich aber noch ein Rest Masse im Schneckenvorraum befinden, um als „Massepolster" eine Druckübertragung zwischen Schnecke und Formnest bzw. Anguss zu ermöglichen. Dieses Massepolster wird dann beim nächsten Schuss eingespritzt.

7.4.3 Steuerung

Nachdruckstufen

Die Maschinensteuerung muss in der Nachdruckphase sicherstellen, dass der Hydraulikdruck, der die Schneckenbewegung erzeugt, auf dem vorgeschriebenen Niveau bleibt, sodass gerade soviel Masse ins Formnest nachgefördert wird, dass die Schwindung des Formteils ausgeglichen wird. Zu diesem Zweck bieten die meisten Maschinen die Möglichkeit, verschiedene Stufen für die Nachdruckhöhe - angepasst an die Formteilgeometrie - nacheinander ablaufen zu lassen.

7.4.4 Hydraulik

Umschalten

In der Nachdruckphase befindet sich der Hydraulikdruck auf einem niedrigeren Niveau als in der Einspritzphase. Kritisch für die Hydraulik ist das Umschalten von der Einspritzphase auf die Nachdruckphase. Hier muss sehr exakt und innerhalb kürzester Zeit von dem Zustand „Einspritzen" mit hoher Geschwindigkeit der Schnecke und hohem Druck in den Zustand „Nachdrücken" mit sehr niedriger Schneckengeschwindigkeit und relativ niedrigem Hydraulikdruck umgeschaltet werden. Das stellt sehr hohe Anforderungen an die Genauigkeit der Schaltvorgänge.

An die Einspritz- und Nachdruckphase schließen sich zwei Phasen an, die parallel ablaufen:

Das Material befindet sich im Formnest des Werkzeugs. Es ist im flüssigen Zustand dorthin gelangt und muss nun unter Einfluss der relativ niedrigen Werkzeugtemperatur erstarren, damit das fertige Formteil entnommen werden kann. Das Erstarren des Formteils muss unter kontrollierten Bedingungen erfolgen, damit keine unerwünschten Spannungen im Formteil entstehen. Diese Spannungen hätten den Verzug des Formteils zur Folge. Der Anguss des Formteils ist erstarrt. Es kann keine Formmasse mehr nachgefördert werden. Die Plastifiziereinheit kann somit andere Aufgaben erfüllen, der nächste Zyklus kann vorbereitet werden, indem neues Material aufbereitet wird. Verzug

7.5 Kühlphase

Für das im Formnest befindliche Material ist die Nachdruckphase abgeschlossen, sobald der Anguss erstarrt, das heißt „versiegelt" ist. Von diesem Zeitpunkt an kann keine Masse mehr ins Formnest gelangen. Schon während der Einspritz- und Nachdruckphase hat das Material im Formnest begonnen, sich an der relativ kalten Werkzeugwand abzukühlen. Die Randschichten sind sehr schnell erstarrt. Die Kühlzeit beginnt also schon mit dem Einspritzen. Material

Länger dauert die Abkühlung in der Mitte des Formteils. Die dort befindliche Schmelzewärme muss durch die Randschichten an die Werkzeugwand abgegeben werden. Hier macht sich bemerkbar, dass Kunststoffe schlechte Wärmeleiter sind. Die Wärmeleitfähigkeit von Kunststoffen ist etwa um den Faktor 100 schlechter als die von Stahl. Wärmeleitung

Der Wärmetransport lässt sich gut mit Hilfe von mathematischen Gleichungen beschreiben, sodass man die Kühlzeit vorausberechnen kann, die das Formteil noch im Werkzeug verbringen muss, bis es ausreichend abgekühlt ist.

Die Kühlzeit hängt auch davon ab, wie weit man das Formteil im Werkzeug abkühlen lassen möchte. Es ist nicht notwendig, so lange zu warten, bis das gesamte Formteil bis auf die Werkzeugtemperatur heruntergekühlt ist. Es genügt, wenn die Randbereiche des Formteils soweit abgekühlt sind, dass das Teil entformbar und stabil ist, wenn man es aus dem Werkzeug nimmt. Es wäre auch sehr unüberlegt, das Teil länger als unbedingt notwendig im Werkzeug abkühlen zu lassen, denn während der Abkühlzeit befindet sich die Maschine praktisch im Wartezustand und kann keine neuen Teile produzieren. Kühlzeit

Die Wahl der richtigen Kühlzeit ist besonders auch unter wirtschaftlichen Gesichtspunkten wichtig. Es gibt neben den aufwendigen Gleichungen zur Beschreibung des Abkühlvorgangs, die in Computersimulationen des Spritzgießens angewendet werden, auch einfache Gleichungen, mit deren Hilfe man mit dem Taschenrechner oder mit der Hand Kühlzeiten ausrechnen kann. Wirtschaftlichkeit

7.5.1 Kühlzeitgleichung

Kühlzeitgleichung

Als einfache Näherung, die den Wärmetransport im Formteil während des Abkühlvorgangs im Spritzgießwerkzeug beschreibt, wurde die sogenannte Kühlzeitgleichung hergeleitet:

$$t_{\mathrm{k}} = \frac{s^2}{\pi^2 \cdot a_{\mathrm{eff}}} \cdot \ln\left(\frac{4}{\pi} \cdot \frac{T_{\mathrm{M}} - T_{\mathrm{W}}}{T_{\mathrm{E}} - T_{\mathrm{W}}}\right) \tag{7.1}$$

t_{k} in s = Kühlzeit, die berechnet werden soll
s in mm = Dicke des Formteils
T_{M} in K = Massetemperatur der Formmasse zu Beginn des Einspritzvorgangs
T_{W} in K = Werkzeugtemperatur
T_{E} in K = Entformungstemperatur (angenommene Temperatur in der Mitte des Formteils, bei der das Formteil entformt werden soll)
a_{eff} in mm^2/s = Werkstoffkenngröße, die den Wärmetransport in der Formmasse beschreibt

Für Überschlagsrechnungen gibt es eine Formel, mit der man die Kühlzeit grob abschätzen kann:

$$t_{\mathrm{k}} \approx 2 \cdot s^2 \tag{7.2}$$

t_{k} in s = Kühlzeit
s in mm = Wanddicke des Formteils

Als Wanddicke wird die größte Wanddicke des Formteils eingesetzt, da diese zykluszeitbestimmend ist.

CD/DVD

Eine CD/DVD mit einer Wanddicke von 1,14 mm hat nach der Handformel eine Kühlzeit von ca. 2,6 Sekunden. Siehe hierzu auch in Abschnitt 8.3 „Thermische Werkzeugauslegung“.

7.5.2 Werkzeug und Schließeinheit

Der Zustand von Werkzeug und Schließeinheit in der Abkühlphase entspricht dem in der Nachdruckphase.

7.5.3 Plastifiziereinheit

Während der Kühlzeit wird in der Plastifiziereinheit Material für den nächsten Schuss vorbereitet. Die ausführliche Beschreibung der Vorgänge im Plastifizieraggregat in dieser Phase erfolgt im Abschnitt „Dosierphase“.

7.5.4 Steuerung und Hydraulik

Da es sich bei der Abkühlphase für die Maschine um eine Wartephase handelt, sind für Hydraulik und Steuerung keine Aktionen während der Abkühlphase erforderlich. Die Vorgänge in der parallel ablaufenden Dosierphase werden im Abschnitt „Dosierphase" beschrieben.

7.6 Dosierphase

In der Dosierphase nach Abschluss der Einspritz- und Nachdruckphase muss Material für einen neuen Schuss aufbereitet und in der richtigen Menge zur Verfügung gestellt, das heißt „dosiert" werden.

Material

Dazu wird das Material, das im Trichter über der Schnecke steht, von der Schnecke eingezogen und durch die Drehung der Schnecke entlang der Schneckengänge in Richtung Düse gefördert. Während der Bewegung in Richtung Düse wird das Material vielfältigen Belastungen ausgesetzt.

Trichter
Materialförderung

Von der Zylinderwand des Plastifizieraggregats wird Wärme an das Material abgegeben. Diesen Wärmetransport bezeichnet man als Wärmeleitung.

Wärmeleitung

Durch die Drehung der Schnecke wird das Material geschert und heizt sich durch die entstehende Reibungswärme weiter auf. Dieser Effekt wird dadurch verstärkt, dass die Höhe der Schneckengänge zur Düse hin abnimmt. Das Material wird also immer stärker komprimiert und gleichzeitig sehr stark durchmischt (homogenisiert). Durch die Druckverhältnisse im Raum zwischen Schnecke und Zylinderwand wird eingeschlossene Luft in Richtung Einzug transportiert.

Reibung

Das starke Komprimieren und Durchmischen des Materials ist gewünscht, denn es soll möglichst gleichmäßig in seinen Eigenschaften sein. Bis zur Spitze der Schnecke ist das Material aufgeschmolzen und sammelt sich vor der Schnecke im Schneckenvorraum. Die Schnecke ist axial beweglich und weicht der sich sammelnden Masse nach hinten aus. Zur besseren Homogenisierung wird dieser Bewegung ein Widerstand entgegengesetzt, der sogenannte Staudruck.

Schneckenbewegung, axial

Durch Reibung wird meist mehr Energie, die letzten Endes vom Antriebsmotor geleistet werden muss, ins Material eingebracht als durch die heiße Zylinderwand. Wie viel Energie eingebracht wird, hängt deshalb besonders von der Schneckendrehzahl und vom eingestellten Staudruck ab. Die Schneckendrehzahl beeinflusst die zum Aufbereiten des Materials notwendige Zeit.

Energie
Schneckendrehzahl
Staudruck

Beim Einstellen des Prozesses muss darauf geachtet werden, dass die Plastifizierzeit nicht länger als die Kühlzeit ist. Das ist wichtig, weil die Plastifizierzeit bei Materialschwankungen unterschiedlich lang sein kann. Wäre die Plastifizierzeit länger als die Kühlzeit führt dies direkt zu einer verlängerten Zykluszeit. Dadurch könnte auch die Qualität des hergestellten Formteils schwanken.

Kühlzeit
Plastifizierzeit

Deshalb gilt:

Regel

„Die Plastifizierzeit darf nicht zykluszeitbestimmend sein“.

Wirtschaftlichkeit

Eine optimale Kühlzeit hat zudem den Vorteil einer höheren Wirtschaftlichkeit, weil dann möglichst viele Teile in kurzer Zeit gefertigt werden können.

Wartezeit
Wärmeaustausch
Zersetzungsgefahr

Parallel zur Dosierphase läuft die Kühlphase des Formteils ab. Sobald die Dosierphase beendet ist, steht das Material im Schneckenvorraum für den nächsten Zyklus bereit. Während der Wartezeit, bis die Kühlphase für das Formteil abgelaufen ist, findet ein Wärmeaustausch zwischen der Formmasse und der Zylinderwand im Schneckenvorraum statt. Man muss darauf achten, dass die Formmasse in dieser Wartezeit weder zu stark abkühlt noch zu viel Wärme aufnimmt und sich zu zersetzen beginnt.

7.6.1 Werkzeug und Schließeinheit

Werkzeug und Schließeinheit sind am Plastifiziervorgang nicht beteiligt.

7.6.2 Plastifiziereinheit

Verschlussdüse
abhebendes Plastifizieraggregat

Die Plastifizierung des neuen Materials beginnt direkt nach dem Ende der Nachdruckphase. Wird eine Verschlussdüse eingesetzt, so schließt diese, sobald die Nachdruckphase abgeschlossen ist. Das Plastifizieraggregat hebt in diesem Fall vom Werkzeug ab, um überflüssigen Wärmetransport von der heißen Düse zum relativ kalten Werkzeug zu vermeiden.

Wird ohne Verschlussdüse gefahren, so kann das Plastifizieraggregat erst dann abheben, wenn der Dosiervorgang beendet ist, weil sonst die Formmasse vorzeitig aus der Düse austritt.

Plastifiziervorgang
Rückströmsperre
Schneckenvorraum

Beim Plastifiziervorgang wird die Schnecke mithilfe eines Hydraulikmotors in Drehbewegung versetzt. Aus dem Trichter fällt das Material in die Einzugszone und wird durch die Drehbewegung in Richtung Schneckenspitze und über die geöffnete Rückströmsperre gefördert. Durch das Material, das sich vor der Schneckenspitze im Schneckenvorraum ansammelt, wird die Schnecke nach hinten gedrückt. Sobald der eingestellte Dosierweg erreicht ist, wird die Drehbewegung der Schnecke beendet.

7.7 Entformen

Sobald die eingestellte Kühlzeit des Spritzgießzyklus abgelaufen ist, das heißt, wenn das spritzgegossene Formteil im Werkzeug erstarrt ist, öffnet sich das Werkzeug in der Trennebene. Es fährt dabei nur soweit auseinander, dass das Formteil ausgeworfen werden kann.

Das Auswerfen geschieht meist mit Hilfe von Metallstiften, sogenannten „Auswerfern“, die beweglich ins Werkzeug eingelassen sind und das Formteil vom Formnest wegdrücken. Dabei muss darauf geachtet werden, dass das Formteil von den Auswerfern nicht beschädigt wird.

Auswerfer

Hochwertige und empfindliche Formteile (z.B. Stoßfänger) oder Teile, die nach dem Spritzgießen direkt weiter verarbeitet werden, dürfen nicht einfach nach unten in eine Kiste oder auf ein Transportband fallen, sondern sollen mithilfe eines Handhabungsgerätes entnommen werden.

Handhabungsgerät

Für die CD zum Beispiel treffen alle diese Kriterien zu: Die CDs dürfen nicht aufeinander fallen, da die hochempfindliche Oberfläche sonst beschädigt würde. Es finden nachfolgende Arbeitsschritte statt, in denen die CDs beschichtet und lackiert werden. In die dazu notwendigen Maschinen werden die CDs mit einem Handhabungsgerät platziert.

CD

Die entformten Bauteile kühlen auf dem Förderband von Entformungstemperatur auf Raumtemperatur ab. Sie erreichen erst nach dem Auswerfen aus dem Werkzeug ihre endgültige Geometrie. Neben der Schwindung, die mit der Abkühlung aus dem flüssigen Zustand zusammenhängt, tritt an den Formteilen oft auch Verzug auf, der geometrieabhängig ist. Bild 7.9 zeigt den durch die unterschiedlichen Wanddicken hervorgerufenen Verzug eines Steckbausteins. Schwindung und Verzug können zum Teil durch die Maschineneinstellung beeinflusst werden.

Schwindung
Verzug

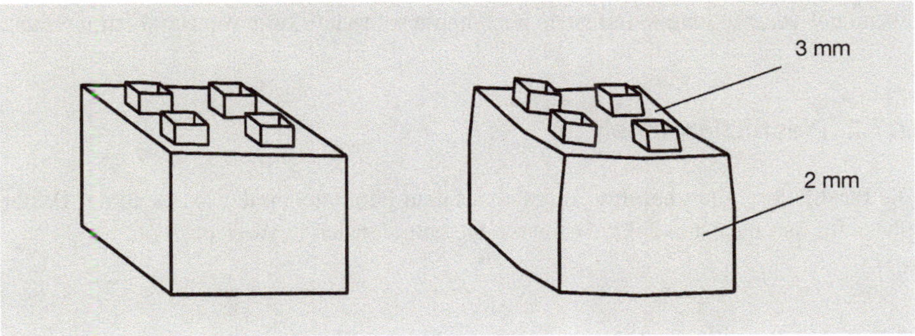

Bild 7.9 Verzug eines Steckbausteins

7.7.1 Werkzeug und Schließeinheit

Nach Ablauf der Kühlzeit wird das Werkzeug geöffnet, indem die schließseitige Aufspannplatte mit einer Werkzeughälfte in ihre Öffnungsstellung gefahren wird. Das Werkzeug wird dabei in der Trennebene geöffnet. Das Formteil bleibt in der schließseitigen Formplatte hängen und trennt sich so vom düsenseitigen Teil des Formnestes. Die Werkzeughälften müssen beim Öffnen soweit auseinandergefahren werden, dass das Formteil ausgeworfen oder entnommen werden kann, ohne am Werkzeug hängenzubleiben.

Werkzeug öffnen
Trennebene

Sobald die Schließeinheit das Werkzeug geöffnet hat, beginnt das Auswerfen. Im Werkzeug sind dazu Auswerferstifte integriert, die sich über einen Mechanismus in der

Auswerferstifte

Spritzgießmaschine (mechanisch, hydraulisch) in der Maschine angetrieben, relativ zum Werkzeug bewegen und so das Formteil vom schließseitigen Teil des Formnestes wegdrücken. Die ausgeworfenen Teile fallen in einen Sammelbehälter oder werden von einem Handhabungsgerät abgenommen.

Luftauswerfer

In den meisten Fällen wird das Formteil mechanisch durch Auswerferstifte ausgeworfen, die in das Werkzeug integriert sind. Bei sehr empfindlichen oder weichen Formteilen nimmt man statt der Stifte auch oft Luftauswerfer, die das Formteil durch Druckluft von der Formnestoberfläche lösen und abdrücken.

CD

Die Compact Disk ist ein sehr empfindliches Formteil. Sie wird über Druckluft von der Formnestoberfläche gelöst und mit einem Handhabungsgerät, das mit weichen Saugnäpfen ausgestattet ist, entnommen. Obwohl die CD nur 1,14 mm dick ist, muss das Werkzeug sehr weit öffnen, damit das Handhabungsgerät die CD entnehmen kann.

Handentnahme
Elastomerformteil
Handhabungsgeräte

In wenigen Einzelfällen bei der Verarbeitung von Thermoplasten, häufig jedoch bei der Verarbeitung von Elastomeren, kann das Formteil nicht automatisch ausgeworfen werden. Das Formteil muss in diesem Fall von Hand entnommen werden. In der Elastomerverarbeitung liegt das oft daran, dass wegen der Dehnbarkeit und Flexibilität des Materials sehr komplizierte Teile (auch solche mit Hinterschnitten) in einem Stück in einfachen Werkzeugen hergestellt werden können. Die Entformung solcher Teile ist oft so kompliziert, dass - wenn überhaupt - nur äußerst spezialisierte Handhabungsgeräte für eine automatische Entformung eingesetzt werden könnten. Deshalb werden in der Elastomer verarbeitenden Industrie noch heute sehr viele Teile von Hand entnommen.

7.7.2 Plastifiziereinheit

Die Plastifiziereinheit hat ihre Aufgabe mit dem Bereitstellen der Masse in der Dosierphase für den nächsten Zyklus beendet. Sie befindet sich in Warteposition.

7.7.3 Hydraulik und Steuerung

Während des Auswerfvorganges koordiniert die Steuerung den Bewegungsablauf von Schließeinheit und Auswerfer. Die Bewegungen der Auswerfer dürfen nicht zu schnell erfolgen, um das Formteil nicht zu durchstoßen. Auch der Beginn des Öffnens der Trennebene sollte langsam erfolgen, um einer Beschädigung des Teils vorzubeugen.

Ist der Zyklus abgelaufen, so hängt es von der Einstellung der Steuerung ab, ob der nächste Zyklus sofort (Vollautomatik) oder durch ein Signal des Maschinenbedieners (Halbautomatik) beginnt.

7.8 Erfolgskontrolle zur Lektion 7

Nr.	Frage	Antwortauswahl
1	Der Spritzgießprozess gliedert sich in die Abschnitte Einspritzen, Nachdrücken, Kühlen, Dosieren und ___________.	*Zuhalten* *Entformen*
2	Während der Einspritzphase ist die Düse ___________.	*geschlossen* *geöffnet*
3	Während der Einspritzphase bewegt sich die Schnecke in Richtung ___________.	*Trichter* *Düse*
4	Der Schwindungsausgleich erfolgt in der ___________.	*Einspritzphase* *Nachdruckphase* *Dosierphase*
5	Den Zeitpunkt, an dem keine Schmelze mehr in das Formteil gedrückt werden kann, bezeichnet man als ___________.	*Siegelpunkt* *Schmelzpunkt*
6	Der Nachdruck ist in der Regel ___________ als der Spritzdruck.	*niedriger* *höher*
7	In der Nachdruckphase wird ___________ Material in die Kavität gefördert.	*viel* *wenig*
8	Eine grobe Abschätzung der Kühlzeit ist: Kühlzeit (in Sekunden) = zwei Mal Wanddicke (in Millimeter) ___________.	*mal Faktor 4* *zum Quadrat*
9	Die Plastifizierzeit ___________ zykluszeitbestimmend sein.	*muss* *darf nicht*
10	Parallel zur Dosierphase läuft die ___________ ab.	*Einspritzphase* *Kühlphase* *Nachdruckphase*
11	Die CD ist sehr empfindlich und muss ___________ entnommen werden.	*von Hand* *mittels Handhabungsgerät* *mittels Schwerkraft*

8 Lektion Werkzeugkonstruktion

Leitfragen

Welches sind die Funktionen eines Spritzgießwerkzeugs?

Wie gliedert sich der Konstruktionsprozess?

Was versteht man unter mechanischer, thermischer und rheologischer Werkzeugauslegung?

Inhalt

Vorwissen

Grundlagen der Kunststoffe (Lektion 1)

Spritzgießmaschine (Lektion 2)

Werkzeug (Lektion 4)

Schließeinheit (Lektion 5)

8.1 Spritzgießwerkzeug – Aufgaben und Anforderungen

Ein Spritzgießwerkzeug hat mehrere Hauptaufgaben zu erfüllen, aus denen sich wiederum Nebenaufgaben ableiten lassen:

Hauptaufgaben

Hauptaufgaben:

- Aufnehmen der Schmelze
- Verteilen der Schmelze
- Ausformen des Formteils
- Abkühlung des Formteils (Temperierung)
- Entformen des Formteils

Nebenaufgaben

Nebenaufgaben:

- Kräfte aufnehmen
- Bewegungen übertragen
- Werkzeugteile führen

Um zum Beispiel die Hauptaufgabe der Aufnahme der Schmelze zu gewährleisten, die unter hohem Druck in das Werkzeug eingespritzt wird, muss das Werkzeug somit als Nebenaufgabe hohe Kräfte aufnehmen.

Funktionskomplexe

Diesen Aufgaben kann man mehrere Funktionen zuordnen (Bild 8.1). Der Konstrukteur muss dafür sorgen, dass diese Funktionen vom Werkzeug geleistet werden. Dazu kann er sich rechnerunterstützter Verfahren bedienen.

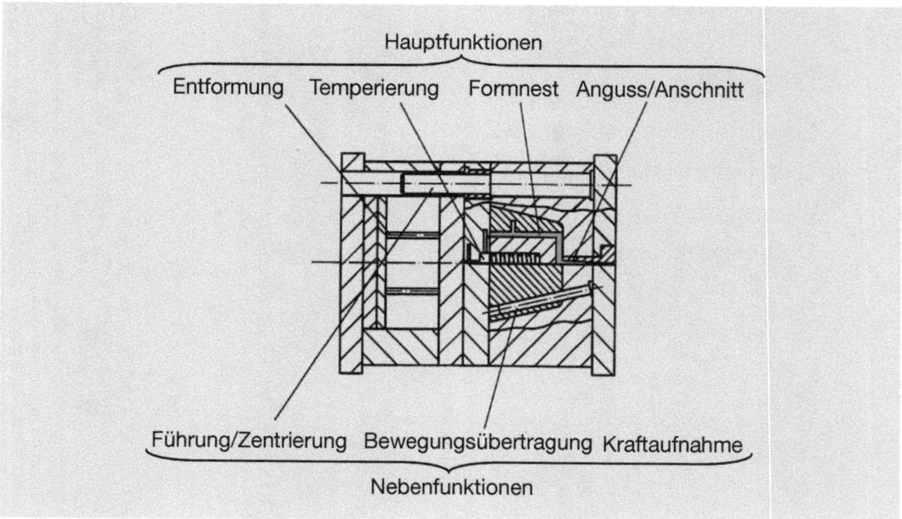

Bild 8.1 Funktionen eines Spritzgießwerkzeugs (Backenwerkzeug)

8.2 Aufgaben des Konstrukteurs

Aus den geschilderten Anforderungen an ein Spritzgießwerkzeug wird die Komplexität der Konstruktionsaufgabe deutlich erkennbar. Der Computereinsatz ist bei der Konstruktion heute nicht mehr wegzudenken und der Konstrukteur wird bei seiner Arbeit durch zahlreiche Rechnerhilfsmittel unterstützt.

Rechnereinsatz

Für die Geometrieerzeugung stehen CAD-Systeme (CAD: Computer Aided Design) zur Verfügung, die die Konstruktion von Spritzgießwerkzeugen im 3D-Modell und das Ableiten von 2D-Zeichnungen ermöglichen. Insbesondere für die Beschreibung der z.T. komplexen formgebenden Werkzeugkonturen ist die dreidimensionale Darstellung angebracht. Der Entwicklungs- und Konstruktionsablauf sollte möglichst durchgängig gestaltet werden, sodass die erstellten Modelle für weitere Entwicklungsschritte wieder genutzt werden können, so z.B. für die Ableitung der benötigten Daten für die Fertigung oder für die Erstellung der Montageanweisung.

CAD

Neben Systemen für die Geometrieerzeugung existieren zusätzliche rechnergestützte Hilfsmittel, die die Bearbeitung weiterer Aufgaben des Konstrukteurs unterstützen. Diese Programme werden unter dem Begriff CAE (CAE: Computer Aided Engineering) zusammengefasst. Hierzu zählen z.B. FEM-Programme (FEM: Finite-Elemente-Methode) zur Werkzeugauslegung. CAD- und CAE-Programme sollten Daten untereinander austauschen können. Aus einem Konstruktionsablauf, bei dem die zur Verfügung stehenden CAE-Programme strukturiert eingesetzt werden, ergeben sich zahlreiche Vorteile: Verbesserung des Konstruktionsergebnisses durch Anwendung von wissenschaftlichen Verfahren:

CAE

- Verbesserung des Konstruktionsergebnisses (Informationsbeschaffung, Datenbanken),
- Beschleunigung des Konstruktionsprozesses hinsichtlich der Durchführung von Routinearbeiten (z.B. Erstellen und Ändern von Zeichnungen, Zeichnungsablage),
- durch eine durchgängige Dateiverwaltung ist ein schneller Zugriff auch auf andere Daten des Betriebes (zum Beispiel Arbeitsvorbereitung, Fertigung) möglich.

Der gesamte Konstruktionsprozess für ein Spritzgießwerkzeug wird in drei Phasen unterteilt:

1. Phase: Werkzeugprinzipfindung
2. Phase: Werkzeugauslegung (rheologisch, thermisch, mechanisch)
3. Phase: Fertigungsunterlagenerstellung

Die erste Phase ist die der Werkzeugprinzipfindung. Sie wird auch häufig als qualitative Konstruktion bezeichnet. Hier wird zum Beispiel entschieden, ob ein Ein- oder Mehrkavitätenwerkzeug oder welcher Werkzeugtyp (z.B. Normal- oder Backenwerkzeug, Art der Entformung und Temperierung) verwendet werden soll.

Prinzipfindung

Die zweite Konstruktionsphase beinhaltet die Dimensionierung der in der ersten Phase ausgewählten Funktionskomplexe und Baugruppen. Sie wird als quantitative Konstruktion bezeichnet. Die Auslegung nach rheologischen, thermischen und mechanischen Gesichtspunkten kann dabei gleichzeitig stattfinden. Sie kann heute rechnerunterstützt (CAE) durchgeführt werden.

Werkzeugauslegung
CAE

Fertigungsunterlagen
CAD

Die dritte Phase ist die Erstellung der Fertigungsunterlagen. Sie kann im Prinzip zur quantitativen Konstruktion hinzugezählt werden. Dies beinhaltet die Zeichnungserstellung und ggf. bei Verwendung moderner Bearbeitungszentren die Transformation von CAD zu CAM-Daten (CAM: Computer Aided Manufacturing).

8.3 Werkzeugauslegung

8.3.1 Übersicht

Dimensionierungsphase

Die Dimensionierung des Werkzeugs (Phase II der Werkzeugkonstruktion) beinhaltet im Wesentlichen die rheologische, mechanische und thermische Werkzeugauslegung, die sich wiederum in mehrere Schritte mit mehreren Schwerpunkten unterteilen lassen:

Rheologisch:

- Ermittlung des Füllbilds
- Rheologische Berechnung der Füll- und Nachdruckphase
- Auslegung des Verteilersystems

Thermisch:

- Zykluszeitberechnung
- Energiebilanz des Gesamtwerkzeuges
- Temperierungsauslegung

Mechanisch:

- Kinematik
- Steifigkeitsbetrachtung

rheologische Auslegung

Zur quantitativen Auslegung des Formnestbereiches sowie des Angusssystems sind vorwiegend rheologische Kenntnisse, also Kenntnisse über das Fließverhalten von Kunststoffschmelzen, notwendig.

thermische Auslegung

Um die Dimensionierung der Werkzeugtemperierung durchführen zu können, ist ein entsprechendes Wissen auf dem Gebiet der Wärmeübertragung erforderlich.

mechanische Auslegung

Bei der Dimensionierung des Werkzeugaufbaus sowie bei der Auslegung des Entformungssystems benötigt man mechanische und kinematische Kenntnisse.

8.3.2 Rheologische Werkzeugauslegung

Füllverhalten

In der rheologischen Werkzeugauslegung wird das Füllverhalten der Kavitäten ermittelt. Die Füllphase und die Nachdruckphase sind bestimmend für die Formteileigenschaften. Die rheologische Werkzeugauslegung wird heute in der Regel durch eine Füllsimulation durchgeführt und behandelt folgende Aspekte:

- Ermittlung des Füllbildes
  - Lage von Bindenähten: entstehen beim Zusammenfließen von Teilströmen der Schmelze
  - von Lufteinschlüssen: entstehen durch den Einschluss von Luft durch die Schmelze
  - geeignete Angusspositionen
- Rheologische Berechnung der Füll- und Nachdruckphase (z. B. Drücke und Temperaturen der Formmasse)
- Auslegung des Angussverteilersystems

Die Füllbildermittlung kann zur ersten Abschätzung bei einfachen Bauteilen auch zeichnerisch durchgeführt werden. Bild 8.2 zeigt die Füllbildermittlung an zwei einfachen plattenförmigen Formteilen. Man erkennt die Lage der Fließfronten zu verschiedenen Zeiten. Beide Platten werden vom Anspritzpunkt her gefüllt. Füllbild

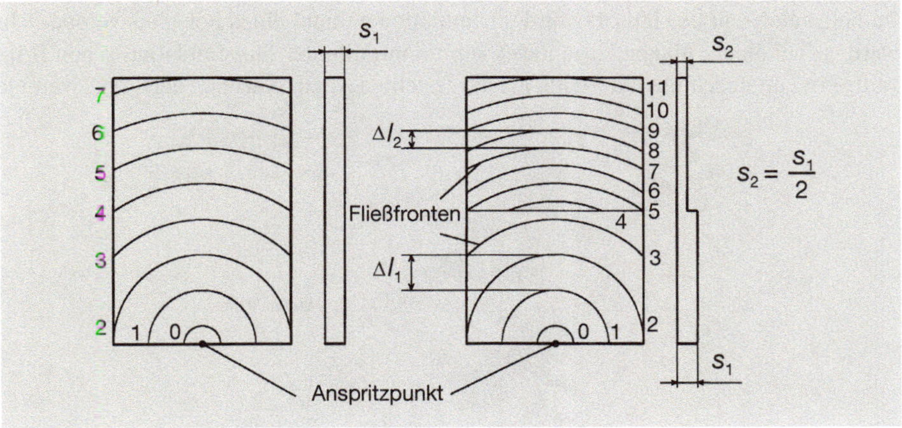

Bild 8.2 Füllbildermittlung an zwei einfachen plattenförmigen Formteilen
1 bis 11 = Fließfronten zu verschiedenen Zeiten; $\Delta l_{1,2}$ = Fließfrontfortschritt

Die Fließfronten breiten sich wellenförmig in einer Quellströmung, d.h. ausgehend von einem Punkt, in den noch leeren Werkzeughohlraum aus. Es ergeben sich also konzentrische Kreise um den Anspritzpunkt. Verändert sich der Querschnitt – so wie im rechten Teil in Bild 8.2 – so verändert sich auch das Füllbild. Für Rechteckquerschnitte lassen sich diese Zusammenhänge nach der folgenden Formel näherungsweise berechnen:

$$\Delta l_1 / \Delta l_2 = s_1 / s_2 \tag{8.1}$$

wobei Δl (mm) den Fließfrontfortschritt und s (mm) die Formteilwanddicke charakterisiert.

Vermindert sich zum Beispiel die Höhe des Querschnittes auf die Hälfte, so halbiert sich auch der Abstand einer Fließfront zu der nächsten Fließfront. Dies bedeutet, dass das Füllen der rechten Platte länger dauert als das der linken. Fließfront

Das Füllbild wird in der Regel unabhängig von Materialeigenschaften und Prozessparametern erstellt, d.h. seine Erstellung erfolgt teilweise nach einfachen grafischen Stoffdaten Verarbeitungsdaten

Regeln. Für die computergestützte rheologische Werkzeugauslegung sind Stoff- und Verarbeitungsdaten, wie z. B. die Schmelzedichte des Werkstoffes, die Einspritzgeschwindigkeit, die Einspritztemperatur sowie die rheologischen Eigenschaften des Werkstoffes erforderlich. Hiermit lassen sich beispielsweise Aussagen machen über:

- den Druckbedarf zur Werkzeugfüllung,
- Schließkraftberechnung zur Auswahl der geeigneten Spritzgießmaschine,
- die Schmelzetemperaturen und
- die Fließgeschwindigkeiten.

Füllsimulation/ Fließfrontverlauf

Ein entscheidender Vorteil computergestützter Füllbildstudien besteht in der Möglichkeit, mit einer einmal aufgebauten Geometrie bequem verschiedene Varianten von Zahl, Lage und Art der Anschnitte mit unterschiedlichen Verarbeitungsparametern studieren zu können. Dadurch lassen sich unerwünschte Effekte, wie z. B. Lufteinschlüsse, verhindern.

Im Folgenden soll der Einsatz von Füllsimulation anhand eines Beispiels verdeutlicht werden. Bei einem Magnetkartenleser konnte mithilfe der Füllsimulation schon frühzeitig ein Lufteinschluss der in Bild 8.3 dargestellten Angussvariante detektiert werden.

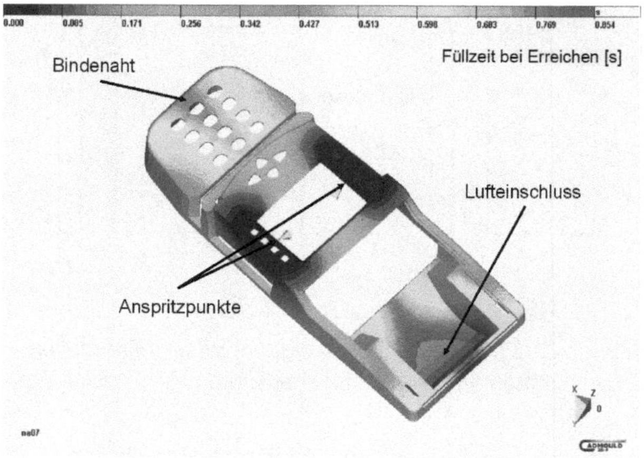

Bild 8.3 Füllbild eines Magnetkartenlesers mit zwei seitlichen Anspritzpunkten

Durch Änderung der Lage der Anschnitte konnte der Lufteinschluss schon in der Konstruktionsphase erkannt und verhindert werden (Bild 8.4).

Bindenähte

Auch die Lage von Bindenähten, die durch das Zusammenströmen zweier Fließfronten entstehen, kann mithilfe der Simulation ermittelt werden (siehe Bilder 8.3 und 8.4).

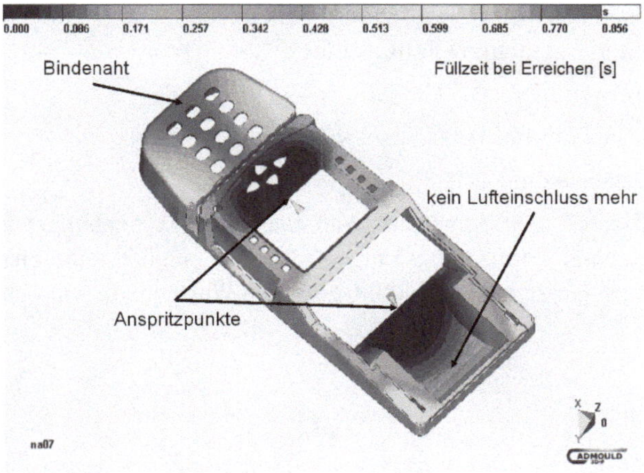

Bild 8.4 Optimierte Anspritzpunkte ohne Lufteinschluss

Der Druckbedarf (Bild 8.5) zur Füllung des Formnestes wird für die Auswahl der Spritzgießmaschine und zur Dimensionierung der Werkzeugbauelemente benötigt. Druckbedarf

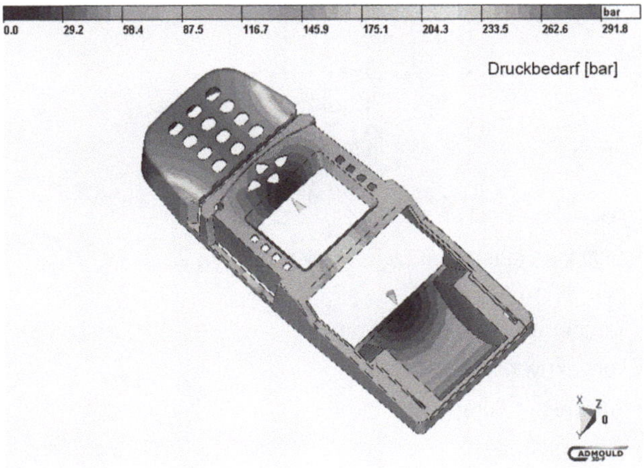

Bild 8.5 Druckbedarf zur vollständigen Füllung des Magnetkartenlesers

8.3.3 Thermische Werkzeugauslegung

Ebenso wie die Füllphase ist auch die Abkühlphase von entscheidender Bedeutung für die Formteilqualität. Im Spritzgießwerkzeug wird das gespritzte Teil so lange abgekühlt, bis es ausreichend erstarrt und damit formstabil ist und entformt werden kann. Abkühlphase

Die Werkzeugtemperierung ist deshalb so auszulegen, dass die Formteilwärme in kürzester Zeit und gleichmäßig abgeleitet werden kann. So wird neben der Formteilqualität auch die Wirtschaftlichkeit über die Zykluszeit stark beeinflusst. Werkzeugtemperierung

Zykluszeit

Die Zykluszeit ist umso kürzer, je kürzer die Abkühlzeit ist. Auch die thermische Werkzeugauslegung umfasst mehrere Teilschritte:

- Zykluszeitberechnung
- Energiebilanz des Gesamtwerkzeuges
- Temperierungsauslegung

Energiebilanz

Mit der Kenntnis von Massetemperatur, Wandtemperatur, Umgebungstemperatur sowie mit der Vorgabe einer Entformungstemperatur ist es möglich, eine Energiebilanz des Gesamtwerkzeuges aufzustellen. Bild 8.6 zeigt die Wärmebilanz an einem Spritzgießwerkzeug.

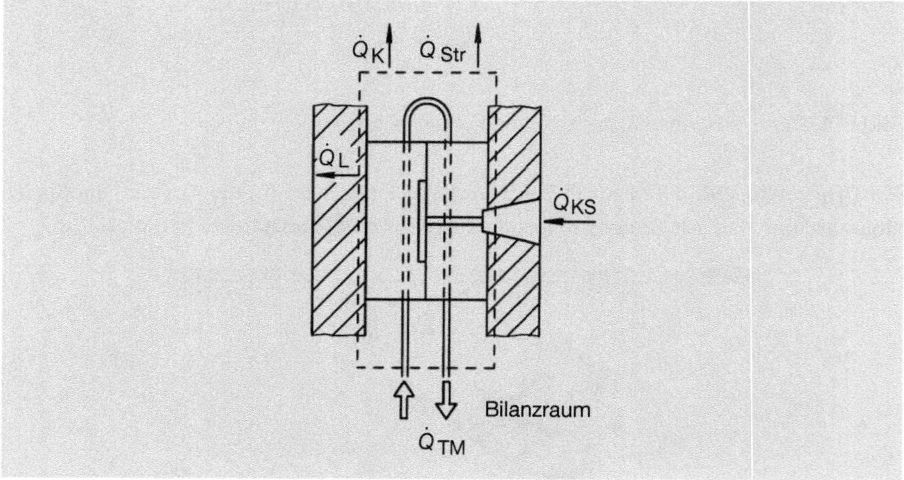

Bild 8.6 Wärmebilanz an einem Spritzgießwerkzeug, $\dot{Q}$ in W
$\dot{Q}_{KS}$ = Formteilwärmestrom
$\dot{Q}_{TM}$ = Temperiermittelwärmestrom
$\dot{Q}_{K}$ = konvektiver Wärmestrom
$\dot{Q}_{Str}$ = Wärmestrahlung
$\dot{Q}_{L}$ = Wärmeleitung

Entscheidungen, ob und wie das Werkzeug thermisch zu isolieren ist, werden in diesem Auslegungsschritt getroffen. Weiter wird die Leistung des Temperiersystems hier festgelegt.

Bilanzraum

Unter einem Bilanzraum versteht man denjenigen Raum, der für Wärmeaustauschvorgänge betrachtet wird. In den Bilanzraum hinein geht der Formteilwärmestrom, aus dem Bilanzraum hinaus gehen der durch das Temperiermittel abgeführte Wärmestrom, der konvektive Wärmestrom und der Wärmestrahlungsstrom an die Umgebung sowie der Wärmeleitungsstrom in die Aufspannplatten.

Temperierungsauslegung

Der nächste Schritt ist eine Temperierungsauslegung. Hier werden die Zahl der Temperierkreise, Abstände von Temperierbohrungen untereinander und zur Formnestoberfläche sowie Temperiermitteltemperatur und Temperiermittelvolumenstrom bestimmt.

Diese Auslegung legt exakt die konstruktive Ausführung des Temperiersystems fest. Ziel ist eine möglichst gleichmäßige Ableitung der Wärme aus dem Bereich der Kavität.

Im letzten Schritt wird die optimale Zykluszeit, die in der vorigen Lektion beschrieben ist, berechnet, um möglichst wirtschaftlich zu produzieren. Die Kühlzeit beträgt 50 bis 70 % der Zykluszeit. Sie nimmt quadratisch mit der Wanddicke des Formteils zu. Deshalb wird die Wanddicke im Allgemeinen nicht größer als 6 mm gewählt. Zykluszeit

Eine Formel zur Berechnung der Kühlzeit ist in Lektion 7.5 näher ausgeführt. In die Formel gehen die Größen Massetemperatur, Wandtemperatur, Entformungstemperatur sowie die Temperaturleitfähigkeit des Kunststoffes ein.

Die Berechnung der Kühlzeit für die CD ergibt: CD

> Der optische Datenträger hat eine Wanddicke von 1,14 mm und ist aus Polycarbonat. Sie wird bei einer Massetemperatur von ca. T_M = 330 °C verarbeitet. Die Werkzeugwandtemperatur beträgt T_w = 60 °C, die Temperaturleitfähigkeit des Kunststoffes ist a_{eff} = 0,1 mm^2/s und die Entformungstemperatur (Temperatur in der Mitte des Formteils) wird mit ca. T_E = 110 °C angenommen.
>
> Die Berechnung mit der Kühlzeitformel ergibt somit eine Kühlzeit von t_k = 2,5 s.

Heutige Zykluszeiten für die vollautomatische Herstellung von CDs werden mit etwa 3,7 Sekunden angegeben, wobei die Kühlzeit ca. 2,7 s umfasst. Es ist aber durchaus möglich, den Prozess auch mit kürzeren Zeiten zu fahren.

8.3.4 Mechanische Werkzeugauslegung

Spritzgießwerkzeuge können zu den höchstbelasteten Geräten der Technik gezählt werden, da sie Schließkräften bis zu mehreren Tausend Tonnen und Forminnendrücken bis zu 2000 bar ausgesetzt sind. Da mit diesen Werkzeugen Formteile höchster Präzision hergestellt werden sollen, muss man die Verformungen, die ein Spritzgießwerkzeug unter diesen Belastungen erfährt, berücksichtigen. Verformungen

Auch die mechanische Werkzeugauslegung erfolgt in mehreren Teilschritten. So werden zum Beispiel kinematische Betrachtungen und Steifigkeitsbetrachtungen in Schließrichtung durchgeführt. mechanische Werkzeugauslegung

Da sich die Werkzeugverformungen im linear elastischen Bereich vollziehen sollen, ist grundsätzlich eine Überlagerung von Belastungen und Verformungen erlaubt. „Linear elastisch“ bedeutet, dass sich mit zunehmender Kraft auf ein Bauteil die Verformung linear, d. h. hier gleichmäßig steigend, ändert und bei Entlastung auch wieder auf Null zurückgeht. Das Bauteil verhält sich wie eine Feder. Ein Maß für die Linearität ist der Elastizitätsmodul (E-Modul). Je höher der E-Modul ist, desto weniger stark verformt sich ein Bauteil bei Belastung. linear elastisch E-Modul

Die Einzelteile eines Werkzeugs verhalten sich prinzipiell wie eine Feder, die unter Last zusammengedrückt wird und sich bei Entlastung wieder entspannt und in den Ausgangszustand zurückgeht. Feder

Federmodell

Die Berechnung der Werkzeugverformungen erfolgt deshalb nach einem Federersatzmodell. Durch eine geeignete Zusammenschaltung von Federn kann das Verformungsverhalten des zu untersuchenden Bauteils simuliert werden. In Bild 8.7 ist ein Beispiel für ein einfaches Werkzeug schematisch dargestellt, einschließlich des Federersatzmodells.

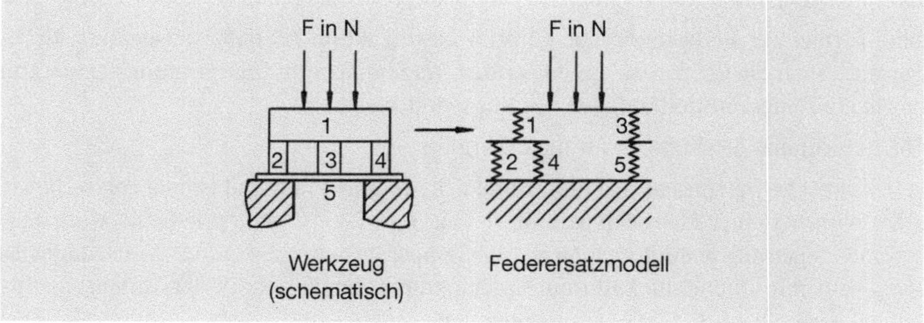

Bild 8.7 Federersatzmodell

Die fünf Elemente des Bauteils sind in fünf Federn aufgeteilt. Zur Berechnung benötigt man die Federgesetze für die Reihen- und Parallelschaltung von Federn.

quer zur Schließrichtung

Ein Auslegungsschritt ist die Betrachtung und die Dimensionierung in Schließrichtung. Auslegungskriterium ist hier, dass durch die Plattendurchbiegung keine unzulässig großen Spalte in der Trennebene auftreten dürfen, in welche die Kunststoffschmelze eindringen kann (Schwimmhautbildung). Diese Schwimmhäute führen dann zur Zerstörung des Werkzeugs.

Reibungskräfte

Der weitere Schritt der mechanischen Auslegung betrachtet Bauteile wie Auswerferstifte, Führungen usw. Auftretende Kräfte sind Trägheitskräfte und Reibungskräfte. Sie belasten einerseits die oben erwähnten Teile, andererseits aber auch das Formteil. Insbesondere bei der Entformung muss mitunter eine hohe Haftreibung überwunden werden, was häufig eher zur Beschädigung des Formteils als der Auswerferstifte führt.

Computerprogramm

Für komplizierte Werkzeuggeometrien und Belastungen sind aufwendige Berechnungen notwendig. Dazu werden numerische Struktursimulationen eingesetzt.

Bild 8.8 zeigt einen Schnitt durch ein Werkzeug im belasteten und unbelasteten Zustand.

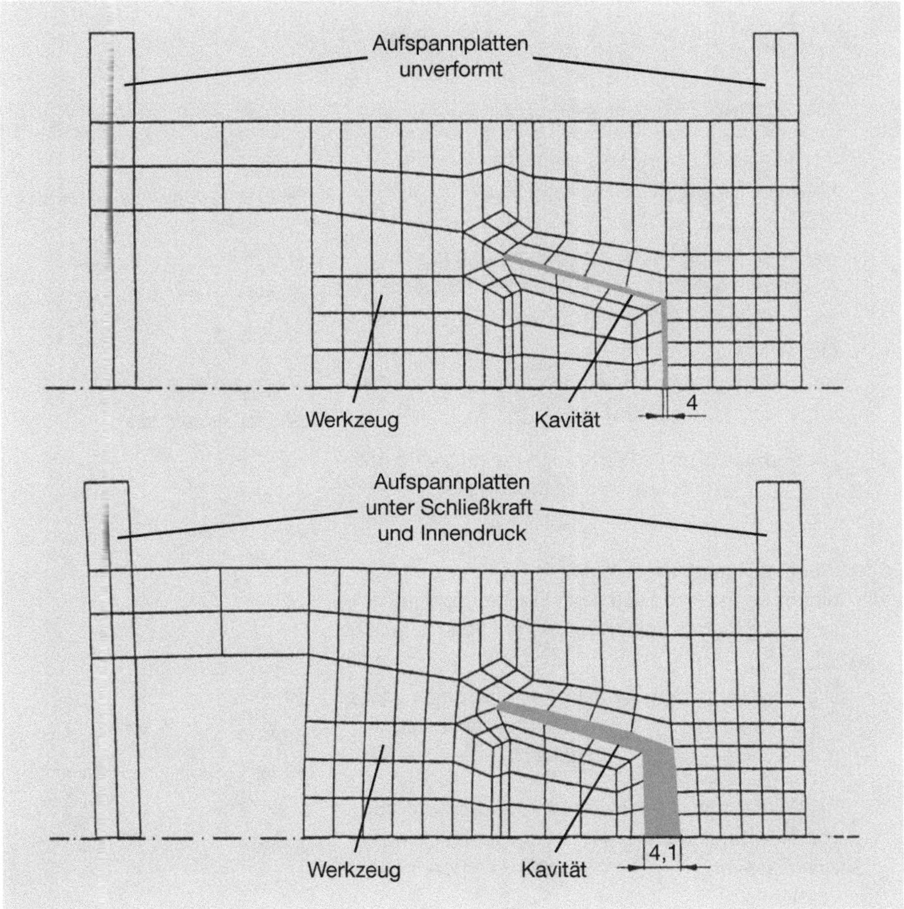

Bild 8.8 Simulation des Verformungsverhaltens (nicht maßstabsgerecht)

Verformungen

In dieser Computerberechnung sind die Verformungen im Nestbereich von 4,0 (unbelasteter Zustand) auf 4,1 mm (belasteter Zustand) deutlich zu erkennen. Zum besseren Verständnis ist die Verformung im belasteten Zustand übergroß, d. h. nicht maßstabsgerecht dargestellt.

8.4 Erfolgskontrolle zur Lektion 8

Nr.	Frage	Antwortauswahl
1	Der Konstruktionsprozess gliedert sich in die Phasen Prinzipfindung, Auslegung und ____________.	*Kontrolle* *Fertigungsunterlagenerstellung*
2	Neben dem Aufnehmen der Schmelze und dem Ausformen des Formteils hat das Werkzeug als weitere Hauptaufgabe das ____________ des Formteils.	*Abkühlen* *Verhindern der Schwindung*
3	Aus der Hauptaufgabe „Aufnehmen der Schmelze" ergibt sich als Nebenaufgabe ________.	*„Werkzeugteile führen"* *„Kräfte aufnehmen"*
4	In der rheologischen Werkzeugauslegung wird das ________ der Kavitäten bestimmt.	*Füllverhalten* *Aussehen* *Kühlsystem*
5	Wenn die Wanddicke um den Faktor 2 abnimmt, nimmt bei Thermoplasten die Fließfrontgeschwindigkeit bei gleichem Volumenstrom um den Faktor 2 ____.	*zu* *ab*
6	Die Werkzeugtemperierung ist so auszulegen, dass ein thermoplastisches Formteil möglichst gleichmäßig und ________ abgekühlt wird.	*schnell* *langsam* *wenig*
7	Bei Werkzeugverformungen ist eine Überlagerung von Belastungen und Verformungen erlaubt, weil sich diese im ________ elastischen Bereich vollziehen.	*progressiv* *linear* *degressiv*

9 Lektion

Qualitätsmanagement und integrierte Managementsysteme beim Spritzgießen

Leitfragen

Was ist Qualität und wer ist dafür zuständig?

Wie wird Qualität geplant und geprüft?

Was bedeutet Qualitätsmanagement?

Welche Bedeutung haben Arbeitsschutz und Umweltschutz?

Inhalt

Vorwissen

Spritzgießprozess (Lektion 7)

9.1 Qualität

Eine besonders einprägsame Definition für Qualität ist im englischen Sprachraum verbreitet. Dort spricht man im Zusammenhang mit Qualität von „fitness for use“ = „Eignung zum Gebrauch (Einsatz)“. Das Produkt muss vor allem den Kunden zufriedenstellen. Qualität ist eine Größe, die man oft schlecht direkt messen kann, denn es gibt keinen einheitlichen Bewertungsmaßstab und deshalb muss sie für jedes Teil neu definiert werden. Definition

Produktmerkmale

Im Allgemeinen ist mit Qualität die Einhaltung bestimmter einzelner Merkmale (Zielgrößen) eines Produktes gemeint, die in gewissen Toleranzen vom Auftraggeber vorgegeben werden.

Produktzielgrößen

Beim Spritzgießen kann man diese Merkmale (Zielgrößen) zum Beispiel wie folgt unterteilen (Tabelle 9.1).

Tabelle 9.1 Beispiele für Qualitätsmerkmale (Zielgrößen)

Merkmale (Zielgröße)	Merkmalsausprägung
geometrische	Abmaße Schwindung Verzug Oberflächenbeschaffenheit
mechanische	Zugfestigkeit Biegefestigkeit Kerbschlagzähigkeit Elastizitätsmodul Eigenspannungen
innere	Dichte (spezifisches Volumen) Orientierungen
optische	Glanz Farbe Transparenz (Lichtdurchlässigkeit) Homogenität
elektrische	spezifischer Widerstand Dielektrizitätszahl
chemische	Spannungsrissbeständigkeit
wirtschaftliche	Zykluszeit

Verwendungszweck

Diese Einteilung liefert Zielgrößen für qualitätssichernde Maßnahmen. Welche dieser Merkmale im Vordergrund stehen, ist von dem jeweiligen Verwendungszweck des Formteils abhängig.

Merkmalskombination

Erschwerend kommt hinzu, dass einige Merkmale konkurrierend auftreten und daher vielfach ein Kompromiss notwendig ist, um die Qualität eines Formteiles über eine optimale Merkmalskombination zu definieren.

Prozess-Zielgrößen

Andere Zielgrößen sind mehr auf den Spritzgießprozess und die Organisation des Betriebes als auf das Produkt hin ausgerichtet. Dies sind zum Beispiel:

- geringer Ausschuss,
- geringer Abfall,
- Termintreue,
- innerbetriebliches Recycling,
- Kostenminimierung.

9.2 Qualitätsmanagement

Die Wirtschaftlichkeit und Wettbewerbsfähigkeit von kunststoffverarbeitenden Unternehmen wird durch die gestiegenen Anforderungen an ihre Flexibilität und Qualität ihrer Produkte bestimmt.

Wettbewerbsfähigkeit

Betrachtet man zum Beispiel Spritzgießzulieferbetriebe der Automobil- und Elektroindustrie, so resultieren die steigenden Qualitätsanforderungen aus fortlaufend neuen Anwendungsgebieten und den wachsenden Anteilen technischer Spritzgießteile.

Qualitätsanforderungen

Die zunehmende Produktvielfalt, eine damit verbundene steigende Anzahl der zu fertigenden Produkte mit sinkenden Losgrößen und die verstärkten Automatisierungstendenzen in der Fertigung stellen zusätzliche erhöhte Ansprüche an den Herstellungsprozess und die Sicherung der geforderten Produktqualität. Bei den meist als Auftragsfertiger agierenden Spritzgießbetrieben steigen durch die Minimierung der Lagerhaltung bei den Automobilherstellern ebenso die Anforderungen an die Termineinhaltung und die Logistik.

Produktqualität

Fast alle Kunden verlangen ein ausgefeiltes Qualitätsmanagementsystem (QMS) vom Spritzgießbetrieb als ihrem Zulieferer, um das Risiko des Auftretens von Fehlern durch Zulieferprodukte im eigenen Betrieb auf ein Minimum reduzieren zu können.

QMS

Seit einiger Zeit gilt auch ein erweitertes Produkthaftungsgesetz. Bei fehlendem Nachweis einer ausreichenden Qualität kann der Hersteller eines Produktes für eventuelle Schäden, die in Zusammenhang mit seinem Produkt aufgetreten sind, haftbar gemacht werden.

Produkthaftungsgesetz

Die Sicherstellung der Qualität der Produkte und Prozesse stellt somit eine der wichtigsten Voraussetzungen dar, um im internationalen Markt auch zukünftig erfolgreich zu sein. Ständige Verbesserung der Qualität als Unternehmensziel ist aber genauso Bedingung für den wirtschaftlichen Erfolg eines Unternehmens.

Unternehmensziel

Das Sicherstellen und ständige Verbessern der geforderten Qualität muss systematisch geplant und in allen Bereichen eines Unternehmens umgesetzt werden. Dazu dient das bereits erwähnte Qualitätsmanagementsystem.

QMS

Diese Denkweise unterscheidet sich grundsätzlich von der Definition der Qualität aus der Vergangenheit, die nur das Erfüllen der Produkteigenschaften umfasste, die an jedem Teil am Ende des Fertigungsprozesses kontrolliert wurden.

Als Handlungsanweisung für den Aufbau und die Inhalte eines Qualitätsmanagementsystems dienen internationale Normen wie die ISO 9001, die VDA 6.1 oder die ISO TS 16949.

ISO 9001
VDA6.1
ISO TS 16949

Um auf eine eigene Beurteilung der Lieferanten nach Möglichkeit verzichten zu können, verlangen die Kunden, besonders der Automobilindustrie, von ihren Zulieferern eine Zertifizierung des Qualitätsmanagementsystems nach einer dieser Normen. Die Zertifizierung wird durchgeführt von einer unabhängigen Organisation. Zur Erhaltung des Zertifikats finden regelmäßige Überprüfungen (Audits) statt.

Zertifizierung

Fehlervermeidung

Grundgedanke zur Sicherstellung der Qualität ist heute die Vorbeugung bzw. Verhütung von fehlerhaften Produkten, u. a. durch exakte Steuerung und Regelung der Fertigung, anstelle nachträglichen Aussortierens.

In Bild 9.1 ist der qualitative Zusammenhang zwischen den Kosten einer Änderung im Entstehungsverlauf eines Produktes und dem Einsparungspotenzial dargestellt. Je später in den Phasen der Produktentstehung ein Fehler erkannt wird und beseitigt werden muss, umso höher sind die Kosten, die entstehen.

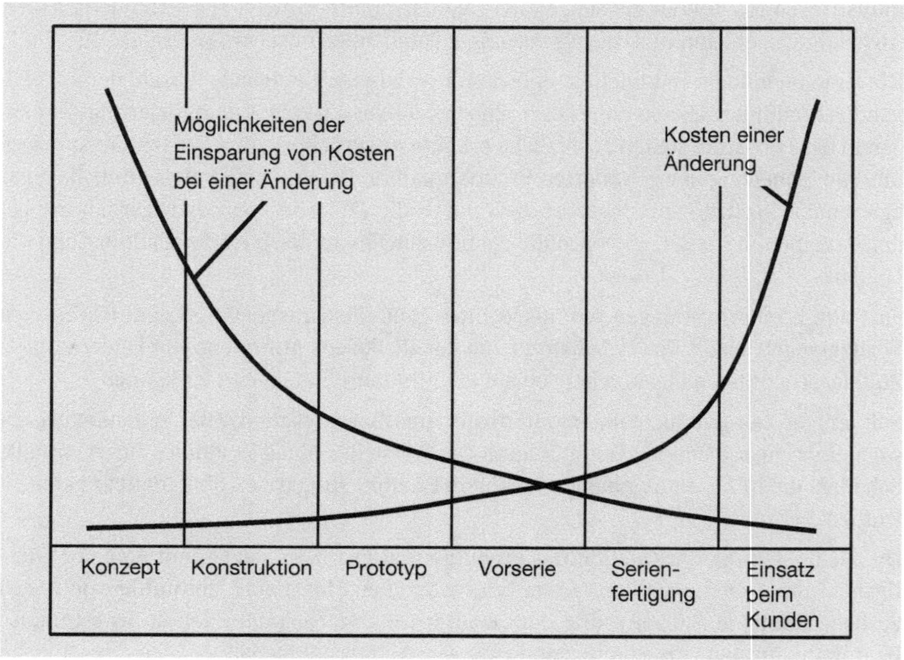

Bild 9.1 Kosten einer Änderung im Entstehungsverlauf eines Produktes

9.3 Qualitätswesen und Qualitätssicherung

9.3.1 Qualitätswesen

Qualitätswesen

Grundsätzlich betrifft die Sicherung der Qualität der Produkte und Prozesse alle Mitarbeitergruppen und Abteilungen des Betriebes. Zur Sicherstellung der Qualität im Unternehmen sind Abstimmungen zwischen den Abteilungen notwendig und es müssen Verfahren und Werkzeuge zur Verfügung gestellt werden. Diese Aufgaben werden in einer speziellen organisatorischen Einheit zusammengefasst, die man Qualitätswesen nennt.

Die organisatorische Einteilung ist jeweils den Besonderheiten des Betriebes anzupassen. Die Bilder 9.2 und 9.3 zeigen zwei in kleinen und mittelständischen Betrieben häufig anzutreffende Organisationsvarianten. In jedem Fall ist zu fordern, dass die Abteilung „Qualitätswesen" unabhängig von den anderen Bereichen direkt der Unternehmensleitung unterstellt ist. Organisation

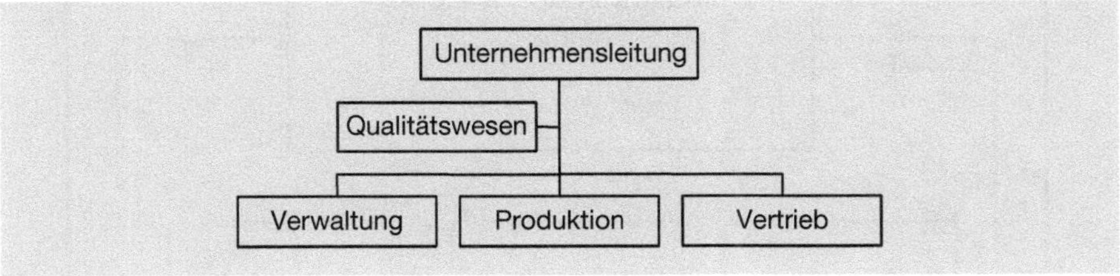

Bild 9.2 Organisatorische Eingliederung (Variante A)

In dieser Variante ist das Qualitätswesen als Stabsstelle der Geschäftsleitung organisatorisch direkt unterstellt.

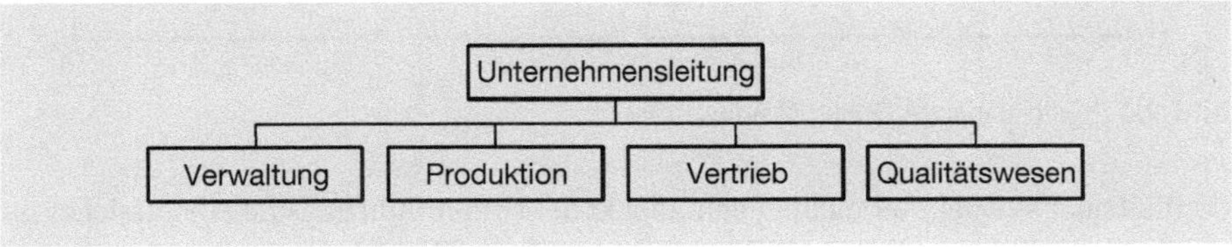

Bild 9.3 Organisatorische Eingliederung (Variante B)

Der Aufbau des Unternehmensbereiches Qualitätswesen ist ebenfalls unternehmensbezogen zu sehen. Er hängt beispielsweise von der Unternehmensgröße und dem Produktspektrum ab.

9.3.2 Begriffe der Qualitätssicherung

Qualitätssicherung

Unter Qualitätssicherung versteht man die Gesamtheit aller organisatorischen und technischen Aktivitäten zur Sicherung des Konzeptes und der Ausführungsqualität unter Berücksichtigung der Wirtschaftlichkeit bis hin zur Gebrauchseignung aus Sicht des Kunden. Die Summe der Aktivitäten und ihr Zusammenhang untereinander werden im Rahmen des Qualitätsmanagementsystems für ein Unternehmen beschrieben.

Die Aufgaben der Qualitätssicherung lassen sich anhand einiger Begriffe charakterisieren (Bild 9.4).

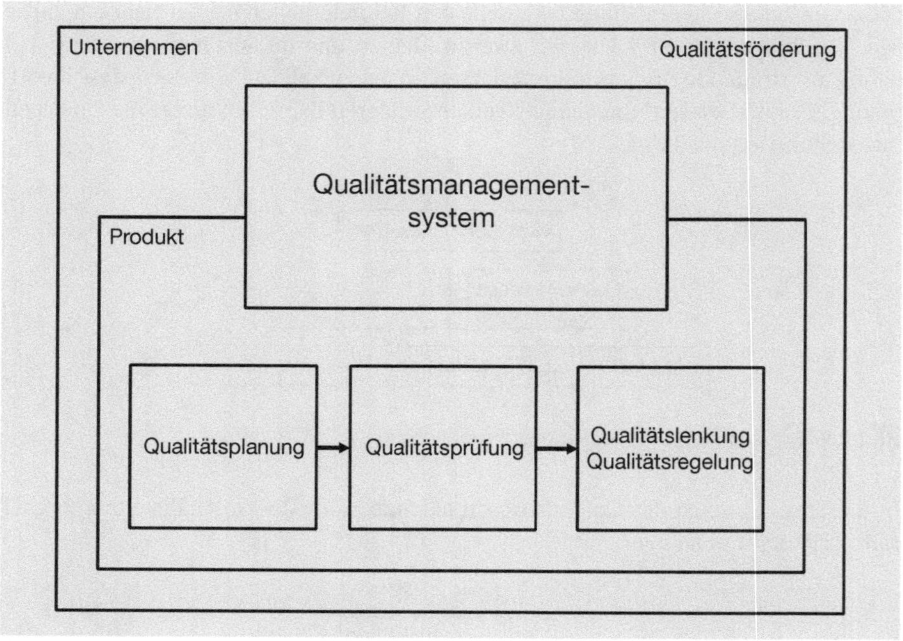

Bild 9.4 Systematische Qualitätssicherung

QM
Qualitätsziele

Qualitätsmanagement bezeichnet den Aspekt der Gesamtführungsaufgabe, welcher die Qualitätspolitik festlegt, daraus Qualitätsziele für die Bereiche einer Organisation beschreibt und Methoden definiert und einführt, die das Erreichen der Qualitätsziele sicherstellt.

QMS
Qualitätsförderung

Diese Methoden bilden das Qualitätsmanagementsystem eines Unternehmens. Ebenfalls Teil des Qualitätsmanagementsystems sind Hilfsmittel, mit denen das Erreichen der Qualitätsziele überwacht wird. Eingebettet in das Qualitätsmanagement ist die Qualitätsförderung, deren wesentliche Aufgabe die Beratung, die Berichterstattung, Richtlinienerstellung und Schulung, aber auch Motivierung der Mitarbeiter ist.

Qualitätsplanung

Qualitätsplanung umfasst, im Rahmen der Neu- oder Weiterentwicklung eines Produktes die eindeutige Feststellung der Bedürfnisse des Kunden bzw. des Marktes und die Umsetzung dieser Qualitätsforderungen in das Endprodukt bzw. in die Einzelkomponenten des Produktes. Dazu müssen die Produkteinsatzbedingungen sowie die Auswahl, Definition und die Toleranzen der Qualitätsforderungen festgelegt werden.

statistische Versuchsmethodik

Zu diesem Thema gibt es standardisierte Verfahren, nach denen man vorgehen kann. Dies beinhaltet beispielsweise Simulationsrechnungen in der Entwicklungsphase oder Versuchsreihen mit dem neuen Produkt, in denen zum Beispiel Prozessgrößen wie Temperatur und Druck variiert werden, um das Verarbeitungsfenster zu finden, bei dem die geforderten Eigenschaften erreicht werden und der Herstellungsprozess möglichst unempfindlich gegen Störungen ist (statistische Versuchsmethodik).

Sind die Qualitätsforderungen an das Produkt festgelegt, kommen im Rahmen der Qualitätsprüfung und Qualitätslenkung Verfahren zum Einsatz, mit deren Hilfe sichergestellt wird, dass die Forderungen an das Produkt in der Fertigung auch erreicht werden.

Störgrößen
Streuung

Betrachtet man einen Fertigungsprozess, mit dem ein Produkt hergestellt wird, so wird man zunächst feststellen, dass nicht alle Produkte genau gleiche Eigenschaften haben. Die Eigenschaften der Produkte schwanken etwas, sie unterliegen einer Streuung. Das ist die Folge von Störgrößen, die zwangsläufig auf den Herstellungsprozess einwirken, wie zum Beispiel Schwankungen der Umgebungstemperatur oder Schwankungen von Rohstoffeigenschaften.

Toleranz

Aus diesem Grund wird für die Eigenschaften eines Produktes kein fester Wert, sondern eine zulässige Toleranz angegeben, innerhalb derer diese Eigenschaft schwanken darf.

Qualitätsprüfung

Der Qualitätsprüfung kommt zunächst die Aufgabe der Erfassung des „Ist-Zustandes" der Produktion zu, also die Aussage, ob die geforderten Toleranzen von allen Teilen eingehalten werden. Meist ist es zu aufwendig, dabei an jedem Produkt die für den Kunden wichtigen Eigenschaften zu messen. Oft ist das auch gar nicht möglich, denn das Einhalten vieler Eigenschaften lässt sich nur messen, wenn man das gefertigte Produkt zerstörend prüft.

SPC

Aus beiden Gründen ist man darauf angewiesen, nur wenige Teile zu prüfen und aus dem Ergebnis auf die Gesamtheit der Produktion zu schließen. Dabei bedient man sich statistischer Verfahren. Prüft man auf diese Weise eine festgelegte Menge an Produkten (Stichprobe) in einem festgelegten Zeitabstand, kann man aus dem Prüfergebnis auf die Qualität aller in dem beobachteten Zeitraum gefertigten Produkte schließen. Diese Verfahren fallen unter den Begriff Statistical Process Control (SPC = Statistische Prozesslenkung).

Qualitätsregelkarte

Als Hilfsmittel zur Auswertung dient die sogenannte Qualitätsregelkarte. In Bild 9.5 ist ein Beispiel für eine sogenannte $\bar{x}$-s-Regelkarte gezeigt. Auf dieser Karte werden die Mittelwerte und die Standardabweichungen einzelner Stichproben eingetragen und können grafisch ausgewertet werden, sodass man eine Aussage über die Streuung und die Lage des Prozesses im Vergleich zur zugelassenen Toleranz erhält.

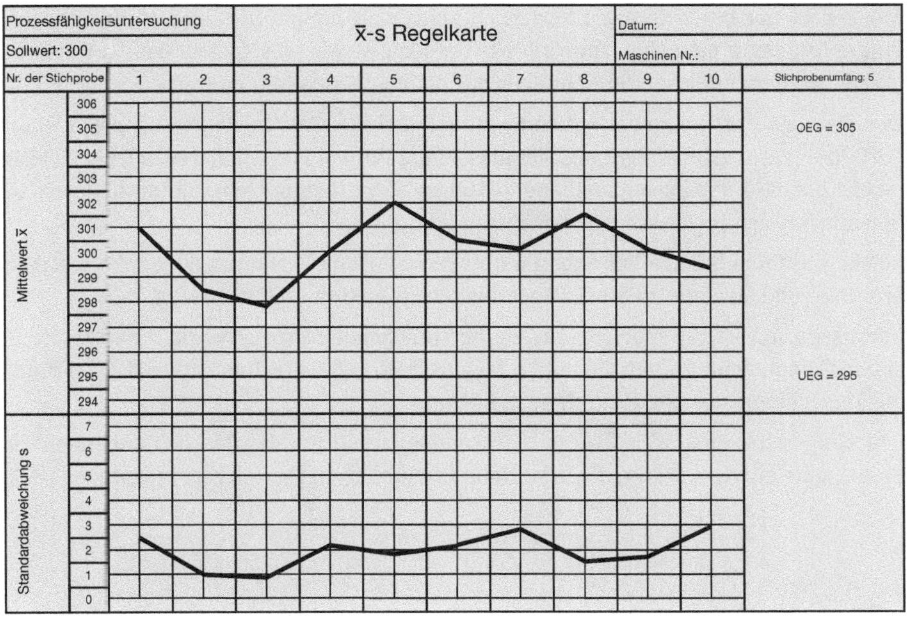

Bild 9.5 Qualitätsregelkarte

Beispiel
OEG
UEG

In diesem Beispiel ist der Streubereich für die Stichprobenmittelwerte mit 300 ± 5 aus einer vorhergehenden Analyse berechnet worden. Das bedeutet, dass die „Obere Eingriffsgrenze“ (OEG) 305, und die „Untere Eingriffsgrenze“ (UEG) 295 beträgt. Der Mittelwert der Stichproben schwankt zwischen 302 und 298 und liegt damit innerhalb des Streubereiches.

Prozessfähigkeit

Nimmt man die Ergebnisse solcher Stichprobenprüfungen und fasst sie für einen bestimmten Zeitraum zusammen, so erhält man Kennzahlen über einen Prozess, zum Beispiel die Kurzzeitfähigkeit oder die Langzeitfähigkeit eines Prozesses.

Bei der Kurzzeitfähigkeit eines Prozesses werden 50 aufeinanderfolgend gefertigte Teile gemessen. Man erhält eine Aussage über die durch die Maschine verursachte Streuung (deshalb in der Vergangenheit auch Maschinenfähigkeit genannt).

Bei der Langzeitfähigkeit eines Prozesses werden 25 Stichproben von jeweils 5 Teilen aus einem längeren Fertigungszeitraum entnommen. Damit erhält man zusätzlich eine Aussage über den Einfluss von langzeitig wirkenden Störgrößen auf den Prozess.

Die Streuung des Prozesses muss dabei kleiner sein als die zulässige Toleranz und außerdem möglichst in der Mitte des Toleranzfeldes liegen, damit man bei Prozessabweichungen nicht gleich Produkte außerhalb der Toleranz erhält.

Qualitätslenkung

Erkennt man aus der Aufzeichnung des Prozesses, dass sich dieser in einer unerwünschten Richtung verschiebt, so kann man nun eingreifen und die Qualität des Produktes lenken, indem man Einstellwerte des Prozesses so verändert, dass die Produkteigenschaften wieder das gewünschte Niveau erreichen.

SPC

SPC (Statistical Process Control = Statistische Prozesslenkung) beschreibt die Methode, bei der die zu fertigenden Produktmerkmale messtechnisch erfasst, zum Beispiel mithilfe einer Regelkarte statistisch ausgewertet und analysiert werden und darauf aufbauend der Fertigungsprozess durch geeignete Maßnahmen beeinflusst werden kann, bevor Produktmerkmale aus der zugelassenen Toleranz abweichen.

Qualitätsregelung

Mit den bisher beschriebenen Verfahren kann man immer erst dann in den Prozess eingreifen, wenn man eine Abweichung vom idealen Wert festgestellt hat. Es wäre viel besser, wenn man diese Abweichungen gar nicht erst zulassen müsste.

Das Ziel, den Prozess immer auf dem optimalen Niveau laufen zu lassen, verfolgen die Verfahren zur Qualitätsregelung. Voraussetzung für das Funktionieren solcher Verfahren ist es, dass der Zusammenhang zwischen den Produkteigenschaften und den sie beeinflussenden Prozesswerten bekannt ist.

Solche Zusammenhänge kann man durch verschiedene Verfahren der Prozessanalyse ermitteln und sie dann zu einer Regelung der Produktqualität einsetzen.

Voraussetzung ist die Möglichkeit, die entsprechenden Prozesswerte zu erfassen, in einem Computerprogramm die Produkteigenschaften zu berechnen und korrigierend in die Maschinensteuerung eingreifen zu können.

Seit einigen Jahren sind, teilweise in Zusammenarbeit mit den Maschinenherstellern, Programme auf dem Markt, die bestimmte Produkteigenschaften regeln können.

9.4 Integrierte Managementsysteme

QMS

Mit dem Aufbau und Einsatz eines Qualitätsmanagementsystems in einem Unternehmen ist zunächst verbunden, die Qualität der Produkte und Prozesse und deren kontinuierliche Verbesserung sicherzustellen.

Sieht man sich einmal die Elemente eines Qualitätsmanagementsystems im Einzelnen an, stellt man schnell fest, dass mit diesem Anspruch schon sehr viele Abläufe in einem Unternehmen beschrieben werden müssen.

Es gibt dennoch eine Vielzahl von Prozessen in einem Unternehmen, die die Qualität der Produkte nicht direkt beeinflussen und deshalb im Rahmen des Betriebs eines Qualitätsmanagementsystems nicht weiter betrachtet werden.

Umweltmanagementsystem

Dazu gehört beispielsweise ein Umweltmanagementsystem nach den Forderungen der ISO 14000. In dieser Europäischen Norm sind Standards für Abläufe und Einrichtungen beschrieben.

integrierte Systeme

Um angesichts der Vielzahl der Forderungen, die von innen und außen an das Management herangetragen werden, nicht zu vielen konkurrierenden Systemen im Unternehmen zu kommen, die die Handlungsfreiheit zu stark einschränken, versucht man, die unterschiedlichen Anforderungen in einem integrierten Managementsystem zusammenzufassen.

Weil das Qualitätsmanagementsystem meist die weitreichendsten Forderungen enthält, andererseits aber auch am längsten eingeführt ist, versucht man meist, die weitergehenden Forderungen, beispielsweise eines Umweltmanagementsystems, in die vorhandenen Abläufe zu integrieren.

Man erhält so im günstigsten Fall eine klare, strukturierte Dokumentation der Organisation eines Unternehmens mit eindeutigen Handlungsanweisungen, die allen Mitarbeitern eine effektive Arbeit zum Erreichen der Ziele des Unternehmens ermöglicht.

9.5 Erfolgskontrolle zur Lektion 9

Nr.	Frage	Antwortauswahl
1	Die verstärkten Automatisierungstendenzen stellen zunehmend __________ Ansprüche an den Herstellungsprozess und die geforderte Produktqualität.	*niedrigere* *höhere*
2	Organisatorisch kann das Qualitätswesen als eigene Abteilung oder als __________ in den Betrieb eingegliedert sein.	*Stabsstelle* *Kontrollstelle*
3	Sicherstellung der ____________ ist eines der wichtigsten Unternehmensziele.	*Produktqualität* *Qualitätsprüfung*
4	Je __________ in den Phasen der Produktentstehung ein Fehler erkannt und beseitigt wird, desto niedriger sind die Änderungskosten, die entstehen.	*früher* *später*
5	Zielgrößen für die Beurteilung der Produktqualität beim Spritzgießen können z. B. geometrische, mechanische, __________ oder elektrische Merkmale sein.	*mathematische* *optische* *zeitliche*
6	Hauptziel eines Qualitätsmanagementsystems ist die Vermeidung von __________.	*Prüfungen* *Fehlern*
7	In die Regelkarte werden zur Beurteilung der Prozessfähigkeit die Standardabweichung (*s*) und der __________ eingetragen.	*Mittelwert (x)* *Sollwert*
8	Bei der Kurzzeitfähigkeitsanalyse sollte die Gesamtzahl der entnommenen Teile mindestens __________ betragen.	*20* *35* *50*
9	Ziel von Qualitätssicherungsmaßnahmen ist es, Qualität zu __________ statt sie zu kontrollieren.	*verhindern* *produzieren*

10 Lektion Recycling im Spritzgießbetrieb

Leitfragen

Welche Gründe sprechen für eine Wiederverwertung von Kunststoffen?

Welche Recyclingkreisläufe gibt es?

Welche Kunststoffe sind derzeit wiederverwertbar?

Was geschieht mit Kunststoffabfällen aus der Produktion, aus Gewerbe und Haushalten?

Welche technischen und organisatorischen Probleme sind beim innerbetrieblichen Kunststoffrecycling zu lösen?

Inhalt

Vorwissen

Grundlagen der Kunststoffe (Lektion 1)

10.1 Wiederverwertung von Kunststoffen

Wiederverwertung
Sekundärrohstoff
Werkstoff

Die Wiederverwertung von sogenannten „Abfällen" wird in den letzten Jahrzehnten immer mehr öffentlich diskutiert. Statt Abfall sollte man besser Sekundärrohstoff sagen, damit deutlich wird, dass hier weiterhin ein Rohstoff vorliegt, wenn auch in anderer Form. Wiederverwertung bedeutet, die entstandenen Abfälle bzw. Sekundärrohstoffe durch eine Aufbereitung als Werkstoff in die Produktion zurückzuführen und zu neuen Produkten zu verarbeiten.

Recycling

Diese Überlegungen führten zu der Idealvorstellung, alle Stoffe ähnlich wie in der Natur wieder zu verwerten, das heißt, sie einem Kreislauf zurückzuführen. Dadurch ist Recycling nicht nur ein Mittel, um kostengünstiger zu produzieren, sondern oft eine große Entlastung für die Umwelt. Durch Recycling kann man nicht nur die Abfallmenge vermindern, sondern auch Rohstoffe und Energie zur Herstellung von Neumaterial einsparen.

Technologie des Recyclings

Das Recycling von Kunststoffen gilt als technisch gelöst, sodass es prinzipiell keine unverwertbaren Kunststoffe mehr gibt. Kein anderer Werkstoff bietet so viele Recyclingmöglichkeiten wie Kunststoffe.

Recyclingarten

Welches Recyclingverfahren das technisch, ökologisch und ökonomisch Sinnvollste ist, hängt von einer Reihe von Faktoren ab. Man unterscheidet drei prinzipiell unterschiedliche Arten von Recycling:

- werkstoffliches Recycling,
- rohstoffliches Recycling,
- energetisches Recycling.

Diese Recyclingarten lassen sich in verschiedene Recyclingkreisläufe integrieren (Bild 10.1).

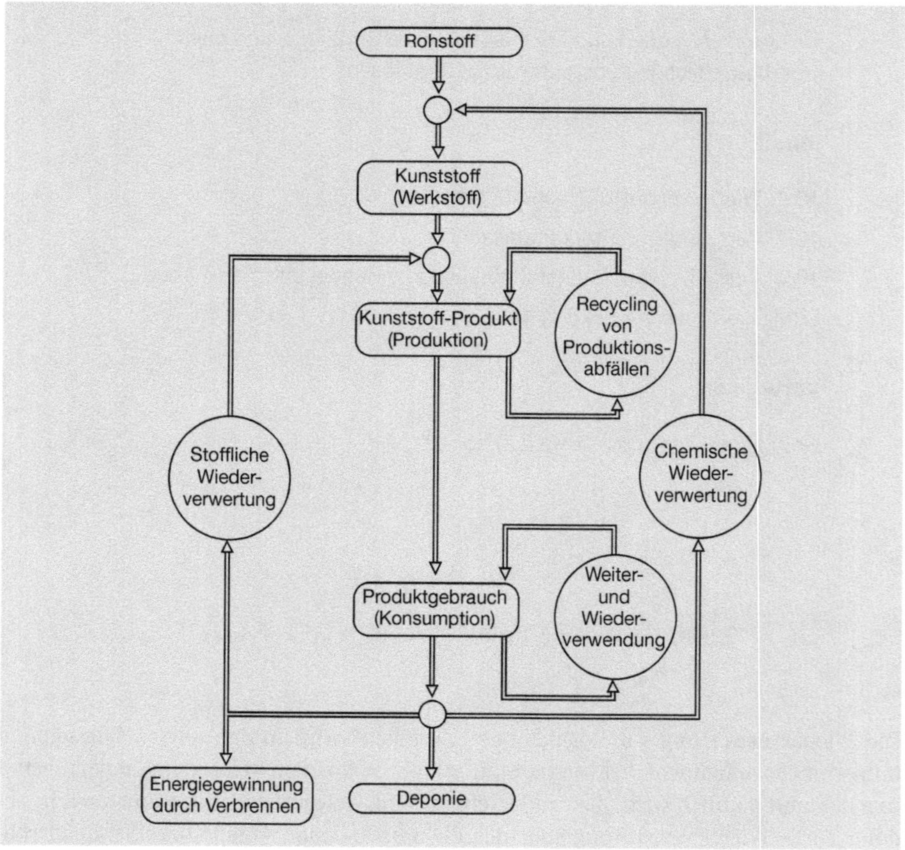

Bild 10.1 Recyclingkreisläufe für Kunststoffabfälle

Wir erkennen, dass es „kleine“ und „große“ Kreisläufe gibt. Die Zeit, die ein Kunststoffprodukt nach Gebrauch benötigt, um als neues Produkt wiederverwendet werden zu können, ist also unterschiedlich lang. Recyclingkreisläufe

Der Kreislauf „Recycling von Produktionsabfällen“ ist ein kleiner Kreislauf, der sehr umweltverträglich und wirtschaftlich sein kann, da hier sortenreine Kunststoffe vorliegen. Er ist aufgrund seiner einfachen Umsetzung in fast allen kunststoffverarbeitenden Betrieben zu finden. innerbetriebliches Recycling

Die Wiederverwertbarkeit von Kunststoffen hängt von der Kunststoffart ab. Thermoplaste lassen sich durch Wärmeeinwirkung aufschmelzen und können stofflich wiederverwertet werden. Die Abfälle sollten möglichst von einer Kunststoffsorte sein, damit gute Produkteigenschaften erreicht werden können. Thermoplaste

Eine Kennzeichnung von Kunststoffprodukten im Hinblick auf den verwendeten Kunststoff erleichtert die sortenreine Sammlung erheblich. So besteht heute für Kunststoffe eine Kennzeichnungspflicht, was die werkstoffliche Wiederverwertung wesentlich vereinfacht und in wirtschaftlicher Weise ermöglicht. Kennzeichnung

Beim Wiedereinschmelzen von Kunststoffgemischen werden durch die erforderlichen Temperaturen gewisse Kunststoffe zerstört, während andere noch gar nicht aufschmelzen. In Bild 10.2 sind die Schmelztemperaturbereiche von PVC, PA und PC beispielsweise dargestellt. Kunststoffgemische

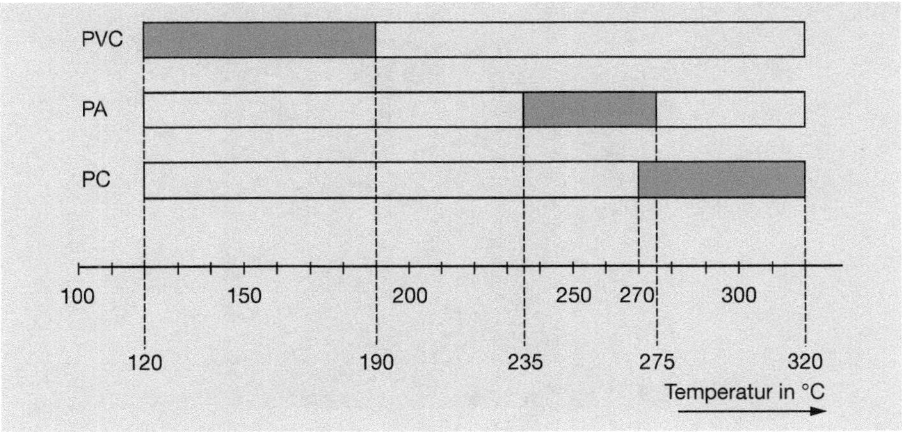

Bild 10.2 Schmelzetemperaturbereiche verschiedener Kunststoffe

PVC hat einen Schmelztemperaturbereich von 120 bis 190 °C, der bei PA zwischen 190 bis 240 °C liegt. Bei PC, aus dem CDs sowie DVDs hergestellt werden, liegt er sogar zwischen 270 und 320 °C. Hieran kann man erkennen, dass es bei unterschiedlichen Kunststoffsorten nicht möglich ist, eine gemeinsame Einschmelztemperatur zu finden, da bei einer Temperatur von z. B. 250 °C sich das PVC längst zersetzt hat, das PC noch nicht aufgeschmolzen ist, während diese Temperatur für PA optimal ist. So ist es nicht möglich, aus diesem Dreiergemisch eine homogene Kunststoffschmelze zu erzeugen, die bestimmte Qualitätsanforderungen erfüllen würde. Schmelzetemperaturbereiche

Verschmutzungen

Verschmutzungen, die den Abfällen anhaften, sollten vermieden oder entfernt werden, weil sie als Fremdkörper mit eingeschmolzen werden und so die Qualität der Produkte senken. Zum Beispiel ist der Verschmutzungsanteil in Gewichtsprozent beim Yoghurt-Becher durch den verbleibenden Yoghurtrest oft größer als das Gewicht des Gefäßes selber, das nur etwa sechs Gramm wiegt. Wenn man also Kunststoffabfälle sammelt, erfasst man oft mehr „Verschmutzungsanteil" als den eigentlichen Rohstoff „Kunststoff", der dann von dieser Verschmutzung getrennt werden muss, was den Preis des Sekundärrohstoffes wiederum erhöht.

Sortenreinheit

Die besten Ergebnisse beim Thermoplastrecycling können erzielt werden, wenn die zu verwertenden Abfälle vollkommen sortenrein, also in Kunststoffsorte, Kunststofftyp, Additiven und Füllstoffen gleich sind. Der Abfall muss zudem unverschmutzt vorliegen, wenn man wieder hochwertige Produkte herstellen will.

CD/DVD

Wie lässt sich die CD/DVD wiederverwerten? Die CD/DVD selbst ist ein Verbundmaterial aus drei Schichten:

- der Schicht aus klarem PC,
- der reflektierenden Schicht aus Aluminium oder Gold
- und einer Lackschicht als Schutzschicht.

Bild 10.3 Die CD/DVD und ihre Verpackung (Quelle: Fa. Netstal)

CD/DVD-Recycling

Diese unterschiedlichen Materialien lassen durch ein speziell entwickeltes Verfahren voneinander trennen, sodass sich alle DVDs, CDs, CD-ROMs und andere optische Datenträger aus PC wiederverwenden lassen.

CD/DVD-Hüllen

Anders sieht es mit den dreiteiligen Hüllen der DVDs und CDs aus: Boden und Deckel sind aus klarem PS, das Einlegeteil, das die DVD/CD fixiert, ist aus eingefärbtem PS. Sortiert man die Hüllenteile nach der Farbe, so kann man aus klaren Teilen durch Zerkleinern und Wiedereinschmelzen, wieder klare Teile herstellen. Es gibt inzwischen auch Papierverpackungen für DVDs und CDs, die entsprechend wiederverwertet werden können.

Das Inhaltsverzeichnis der CD/DVD ist aus Papier. Es ist nicht mit der Kunststoffhülle verklebt und kann deshalb entfernt und wiederverwertet werden.

Inhaltsverzeichnis der CD/DVD

10.2 Recycling von Produktionsabfällen

Produktionsabfälle

Bei der Fertigung von Kunststoffprodukten fällt ein Teil des verarbeiteten Kunststoffes als Abfall an. Der Abfallanteil schwankt je nach Betrieb und Produkt zwischen 5 und 50%. Diese Abfälle können oftmals nicht vermieden werden. Sie entstehen zum Beispiel beim Anfahren einer Spritzgießmaschine, wo Anfahrts- und Musterungsteile produziert werden, bis das Plastifizieraggregat eine homogene Schmelze liefert. Ähnliche Abfälle entstehen beim Farbwechsel, bei der Reinigung und Wartung. Selbst bei ordnungsgemäßer Produktion fallen oft Abfälle an, wie zum Beispiel die Angüsse von Formteilen.

Wiederverwertung

Werden die Abfälle sauber, sortenrein und evtl. getrennt nach Farben erfasst, so können sie hochwertig wiederverwertet werden. Wunschziel der Wiederverwertung ist es, die Abfälle so aufzubereiten, dass sie Neumaterial ersetzen.

Organisationsformen

In Bild 10.4 sind die verschiedenen Organisationsformen für das Recycling von Produktionsabfällen zusammenfassend dargestellt.

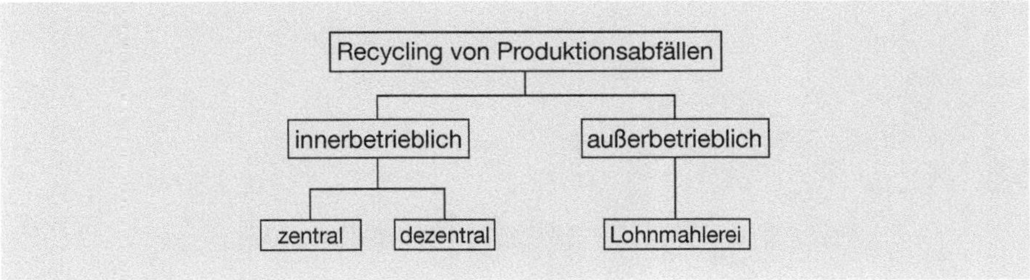

Bild 10.4 Recycling von Produktionsabfällen

Wir erkennen die Unterscheidung in innerbetriebliches und außerbetriebliches Recycling. Das innerbetriebliche Recycling kann sowohl zentral als auch dezentral organisiert werden.

Lohnmahlereien

Das Recycling von Kunststoffabfällen aus der Produktion ist weit verbreitet. Kleine bis mittlere Verarbeitungsbetriebe arbeiten beim Recycling von Produktionsabfällen oft aus Kostengründen mit Lohnmahlereien zusammen. Das sind Betriebe, die die sachgemäße Aufbereitung und zum Teil auch Vermarktung der Abfälle als Dienstleistung anbieten.

Schneidmühlen

Größere Betriebe übernehmen die Aufbereitung ihrer Produktionsabfälle meistens selbst. Dazu werden die Abfälle sauber und sortenrein erfasst und in sogenannten Schneidmühlen mechanisch zerkleinert. Schneidmühlen werden entweder automatisch oder manuell mit Abfällen beschickt. Das Material ist nach der Mahlung etwa 4 mm bis

6 mm klein und kann vollständig oder teilweise anstelle von Neumaterial auf den üblichen Kunststoffverarbeitungsmaschinen verarbeitet werden.

Recyclingprozess

In Bild 10.5 ist ein dezentraler, innerbetrieblicher Recyclingprozess dargestellt.

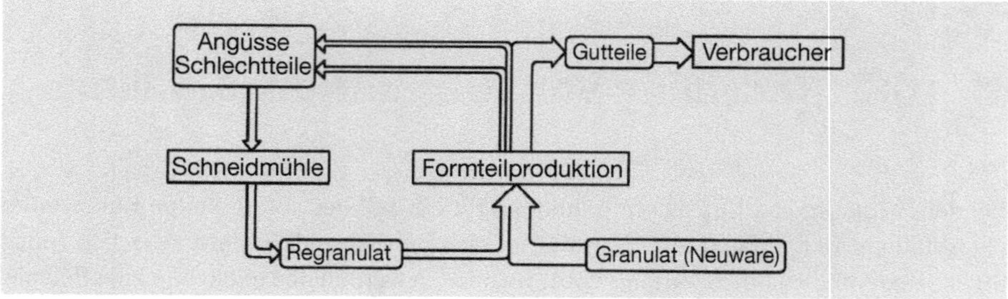

Bild 10.5 Prinzip eines dezentralen innerbetrieblichen Recyclingprozesses

Beistellmühlen

Die Schneidmühle ist in den Produktionsprozess integriert. Die vermahlenen Kunststoffabfälle werden anteilmäßig dem Neumaterial zugegeben. Schneidmühlen gibt es in den verschiedensten Größen und Ausführungen. Meistens erfolgt die Aufbereitung in zentral aufgestellten Maschinen, deren Größe und Beschickung auf den jeweiligen Betrieb abgestimmt ist. Es gibt jedoch auch kleine Beistellmühlen, mit denen jede einzelne Spritzgießmaschine ausgerüstet werden kann. Dadurch wird ein Transport der Abfälle überflüssig und die Vermischung verschiedener Kunststoffarten weitestgehend ausgeschlossen.

■ 10.3 Recycling von Kunststoffabfällen aus Handel und Haushalten

Kunststoffabfälle

Die Aufbereitung von Kunststoffabfällen aus Handel und Haushalten ist nur begrenzt möglich. Dies liegt daran, dass die Abfälle oft verschmutzt und vermischt mit Fremdstoffen und außerdem nicht sortenrein vorliegen. Eine Aufbereitung lohnt sich finanziell oft nicht oder ist sogar technisch unmöglich. Eine Erfassung von Kunststoffen getrennt nach Sorten würde ein Recycling erheblich vereinfachen. Da eine sortenreine Trennung nur für wenige Materialien durchgeführt wird, müssen diese Abfälle in aufwendigen Verfahren gereinigt werden.

Polyolefine

Für ein Recycling haben sich die Kunststoffsorten Polyethylen (PE) und Polypropylen (PP), die auch Polyolefine genannt werden, besonders bewährt. Dies liegt zum einen daran, dass es Massenkunststoffe sind, deren Anteil am Gesamtkunststoffabfall bis zu 60 % beträgt und die häufig genug im Abfall vorkommen. Zum anderen liegt es aber auch daran, dass Polyolefine thermisch recht stabil sind, und deshalb bei einem erneuten Einschmelzen nur wenig geschädigt werden.

Ein Beispiel für einen gut funktionierenden Recyclingkreislauf von Abfällen aus dem Handel ist der Kreislauf der PP-Flaschenkästen oder auch der PET-Flaschen. Das Recycling von Bierkästen ist in Bild 10.6 schematisch dargestellt. Beispiel „Bierkasten“

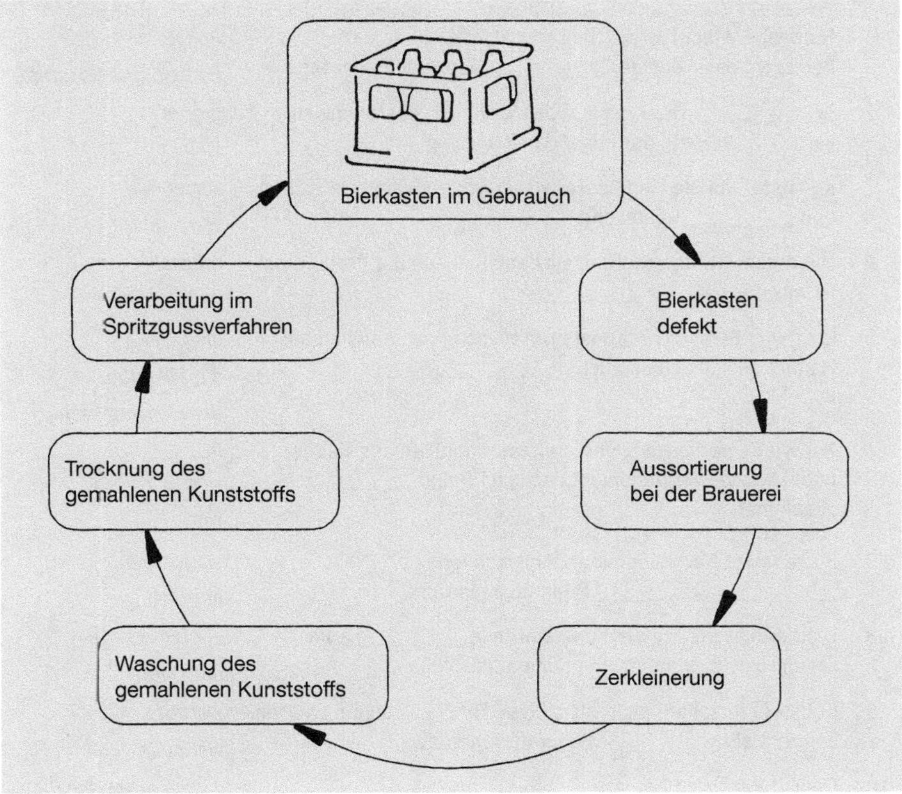

Bild 10.6 Der Recyclingkreislauf des Bierkastens

Die defekten Bierkästen werden bei den Brauereien gesammelt. Da jede Brauerei nur ihre eigenen Kästen zurücknimmt, sind sie sortenrein und farbgleich. Die Kästen werden von dem Kunststoffverarbeiter in großen Schneidmühlen kleingemahlen. Die dem Kunststoff anhaftenden Verschmutzungen werden maschinell mit Wasser abgewaschen. Der gemahlene und gewaschene Kunststoff wird getrocknet und mit Additiven zu neuwertigen Bierkästen spritzgegossen. Dabei wird kein Neumaterial zugesetzt. So kann der Bierkasten ein 100 %iges Recyclingprodukt sein. Bierkasten

Zunehmend werden auch Getränkeflaschen aus PET (Polyethylenterephthalat) rezykliert. Aufgrund des in Deutschland eingeführte PET-Flaschen-Pfand besteht auch hier die Möglichkeit, eine sortenreine Sammlung durchzuführen. Der aufbereitete Kunststoff kann anschließend für die Produktion neuer PET-Flaschen eingesetzt werden. Auch andere Einsatzgebiete sind vorhanden. Hierbei werden oft Glasfasern dem Material zugegeben oder es wird ein Blend mit einem weiteren Material, beispielsweise PC (Polycarbonat) erzeugt, sodass ein Werkstoff für technische Anwendungen - z. B. im Automobil - entsteht.

10.4 Erfolgskontrolle zur Lektion 10

Nr.	Frage	Antwortauswahl
1	Stoffliche Wiederverwertung von Abfällen kann dazu betragen, dass weniger __________ verbraucht werden.	*Rohstoffe* *Energie und Rohstoffe*
2	Je __________ der Kreislauf der Stoffe ist, desto umweltverträglicher ist in der Regel das Recycling.	*größer* *kleiner*
3	Kunststoffabfälle sind besser zu verwerten, wenn sie sauber und __________ anfallen.	*sortenrein* *vermischt*
4	Die Aufbereitung von Kunststoffabfällen aus der Produktion ist meistens ______________.	*möglich* *nicht möglich*
5	Ein gutes Beispiel für Kunststoffrecycling von Abfällen aus Handel und Haushalten ist ________________.	*die CD* *die Milchtüte* *der Flaschenkasten*
6	Zur Wiederverwertung von Kunststoffabfällen aus Handel und Gewerbe werden hauptsächlich PP und _______ gesammelt.	*PE* *PVC* *PS*
7	Sortenreine Recyclingmaterialien erfüllen ____________________ Qualitätsansprüche.	*auch hohe* *nur niedrige*
8	Die Kennzeichnung der Kunststoffteile __________ die sortenreine Sammlung von Kunststoffabfällen.	*erleichtert* *behindert*
9	Kunststoffe sollten nicht als billiger Abfall betrachtet werden, sondern als __________ Sekundärrohstoffe.	*wertlose* *wertvolle*
10	Die CD lässt sich heute ________________.	*wiederverwerten* *nicht wiederverwerten*

11 Lektion

Sonderverfahren des Spritzgießens

Leitfragen

Warum gibt es so viele Sonderverfahren im Spritzgießen?

Welche Sonderverfahren gibt es im Spritzgießen?

Was versteht man unter Mehrkomponenten-Spritzgießverfahren?

Inhalt

Vorwissen

Spritzgießprozess (Lektion 7)

Der Anspruch, komplexe Formteile möglichst kostengünstig und in einer guten Qualität zu fertigen, stellt die Kunststoffverarbeitende Industrie vor große Aufgaben. Da diese Anforderungen nicht alleine mit dem konventionellen Spritzgießverfahren erfüllt werden können, haben sich verschiedene Sonderverfahren etabliert. Einige sollen im Folgenden kurz erläutert werden.

11.1 Thermoplastschaumspritzgießen (TSG)

Integralschaum/ Treibmittel

Ein mit dieser Technik gefertigtes Formteil besitzt im allgemeinen eine integrale Struktur mit einem zelligen, leichten geschäumten Kern und einer glatten, geschlossenen Außenhaut. Durch diese Integralstruktur können hohe mechanische Festigkeitswerte bei niedrigem Gewicht erzielt werden. Die Herstellung eines thermoplastischen Strukturschaums im Spritzgießverfahren erfolgt durch die Zugabe eines Treibmittels in den Kunststoff. Dabei können entweder chemische Treibmittel oder physikalische Treibmittel wie z. B. Kohlenstoffdioxid oder Stickstoff verwendet werden.

chemisches/physikalisches Schäumen

Aus Anwendersicht liegt der Unterschied zwischen diesen Treibmitteln vor allem in der Zudosierung. Die Treibfluid-Kunststoff-Mischung entsteht beim chemischen Schäumen über die Zersetzung eines festen Treibmittels, welches meist als Masterbatch dosiert wird. Beim physikalischen Schäumen wird hingegen das inerte Gas direkt in den Zylinder injiziert, wofür eine zusätzliche Anlagentechnik benötigt wird.

Anlagentechnik

Verfahrensübergreifend müssen anlagentechnische Voraussetzungen erfüllt werden, um die Expansion der beladenen Schmelze in der Plastifiziereinheit zu vermeiden. Da das Treibmittel nur durch den anliegenden Staudruck in Lösung gehalten wird, muss für das Schaumspritzgießen die eingesetzte Spritzgießmaschine mit einer Lageregelung der Schnecke sowie einer Verschlussdüse ausgestattet sein.

konventionelles Spritzgießen vs. Thermoplastspritzgießen

Die mit Treibmittel beladene Schmelze wird eingespritzt. Durch die viskositätsverringernde Wirkung des Treibmittels werden für das Einspritzen geringere Drücke benötigt und somit auch längere Fließwege erreicht. Nach dem Einspritzen wird die Verschlussdüse geschlossen. Es wird kein Nachdruck benötigt, da durch den sich anschließenden Aufschäumprozess das Treibmittel wie ein innerer Nachdruck wirkt. Durch diesen Prozessablauf entstehen im Vergleich zum konventionellen Spritzgießen verhältnismäßig geringe Werkzeuginnendrücke von typischerweise unter 100 bar. Durch diesen inneren, gleichmäßigen Nachdruck des Treibmittels lassen sich zusätzlich Schwindung und Verzug reduzieren. Somit erlaubt das Sonderverfahren zusätzliche Gestaltungsfreiheiten für den Spritzling, weswegen es nicht nur in vielen Fällen eine wirtschaftliche Alternative zum konventionellen Kompaktspritzgießen anbietet, sondern das Spektrum der spritzgegossenen, kompakten Kunststoff-Formteile erweitert.

Schaumteileigenschaften

Die Eigenschaften des geschäumten Bauteils werden durch die charakteristische Schaumstruktur im Bauteilinneren bestimmt (Bild 11.1). Dabei kann einerseits die Dicke der kompakten Randschicht, andererseits die Zellgröße bzw. Zelldichte variieren. Aufgrund der Schaumstruktur im Bauteilinneren kann mit dem Schaumspritzgießen das Bauteilgewicht im Vergleich zu kompakten Formteilen gleicher Geometrie verringert werden. Daher eignen sich Strukturschäume einerseits für den Leichtbau, andererseits kann die Einsparung von Material wirtschaftlich interessant sein. Das gilt vor allem bei hochpreisigen technischen Thermoplasten. Die maximale Gewichtsreduktion ergibt sich aus der Kombination des ausgewählten Materials und des Aufschäumgrades, der Verarbeitungsparameter und der Bauteilgeometrie.

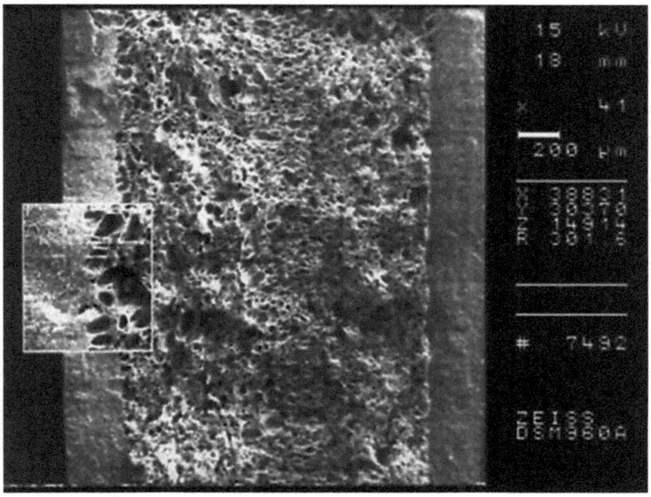

Bild 11.1 Beispiel eines geschäumten Bauteils (Querschnitt)

Oberflächenstruktur

Neben den zusätzlichen Aufwendungen für das Treibmittel sind insbesondere die deutlich reduzierten Oberflächenqualitäten als nachteilig aufzuführen. Durch die Schaumbildung entstehen schlierenförmige Oberflächenmarkierungen, sodass die Oberfläche häufig rauer ist als bei kompakten Bauteilen. Mithilfe von werkzeugtechnischen Adaptionen oder durch geschickte Auswahl des Materials lassen sich diese Markierungen deutlich reduzieren.

Anwendungen

Anwendung findet das Verfahren z. B. bei großvolumigen Teilen für die Möbelindustrie. Des Weiteren ermöglicht der Sonderverfahren die Herstellung von Leichtbaukomponenten im Automobilbereich und im Bereich der weißen Ware, wo die Gewichtsersparnis eine große Rolle spielt.

11.2 Mehrkomponenten-Spritzgießverfahren

Funktionsintegration

Der Begriff Mehrkomponenten-Spritzgießen bezeichnet die Herstellung von Spritzgussteilen, die aus zwei oder mehreren - sei es in Farbe oder mechanischen Eigenschaften etc. - verschiedenen Kunststoffen bestehen. Das Verfahren bietet die Möglichkeit, Formteile in einem Arbeitsgang kostengünstig zu produzieren und dabei Funktionalitäten wie Design, Haptik, Dichtungsfunktion oder Spritzgießmontage zu integrieren. Grundsätzliches Merkmal der im Mehrkomponenten-Spritzgießverfahren hergestellten Formteile ist, dass diese kostengünstig in einem Arbeitsgang produziert werden können. Für die Herstellung der Formteile wird dabei nur ein Werkzeug und damit nur eine Maschine benötigt. Die Einteilung der Mehrkomponenten-Spritzgießverfahren kann nach der Art der Komponentenzusammenführung in Additionsverfahren („Aneinanderspritzgießen") und Sequenzverfahren („Ineinanderspritzgießen") erfolgen (Bild 11.2).

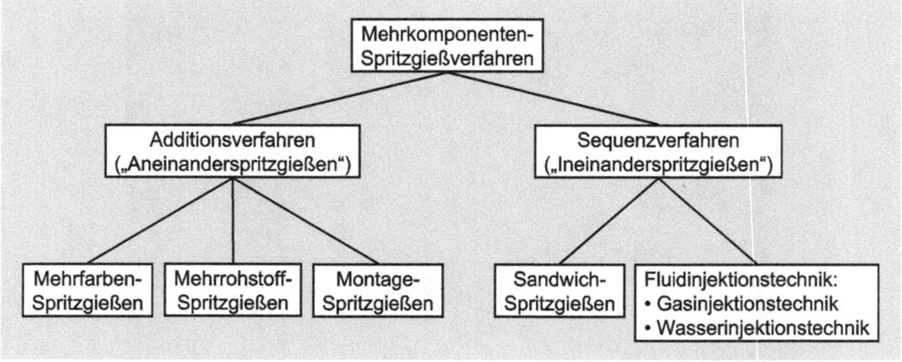

Bild 11.2 Mehrkomponenten-Spritzgießverfahren (schematisch)

Sandwich-Spritzgießen
Eigenschafts-kombination
Fluidinjektionstechnik

Das Sandwich-Spritzgießen und die Fluidinjektionstechnik (FIT) gehören zu den Sequenzverfahren. In beiden Fällen werden zwei unterschiedliche Komponenten ineinander gespritzt. Dabei wird zunächst ein Polymer in die Kavität eingebracht. Anschließend wird die zweite Komponente injiziert, welche sich dann in der Schmelze der ersten Komponente ausbreitet. Beim Sandwich-Spritzgießen handelt es sich bei der zweiten Komponente ebenfalls um ein Polymer, wodurch eine Sandwichstruktur mit einer Kern- und einer Hautschicht entsteht (Bild 11.3).

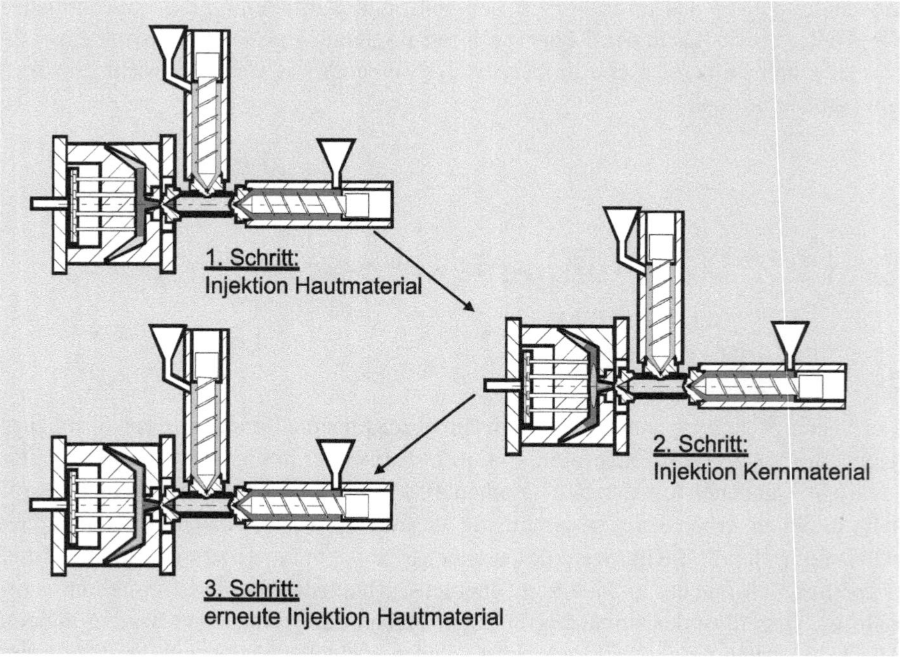

Bild 11.3 Prozessablauf Sandwich-Spritzgießen

Recyclingmaterial/ Sandwichaufbau

Dieser Sandwichaufbau erlaubt die Kombination von Eigenschaften wie hoher Steifigkeit durch einen harten Kern mit elastischer Oberfläche oder hoher Steifigkeit und definierter Dämpfungseigenschaft durch einen weichen Kern. Die Kombination einer Hautkomponente aus Neuware und recyceltem Kernmaterial ermöglicht eine hohe Zugabe an Recyclingmaterial ohne Einbußen der optischen Bauteilqualität. Bei der FIT wird nach dem Polymer ein inertes Fluid als zweite Komponente injiziert. Dabei handelt es sich um Gas, zumeist Stickstoff, im Fall der Gasinjektionstechnik (GIT) und Wasser bei der Wasserinjektionstechnik (WIT). Das Fluid verdrängt die noch schmelzförmige Seele des Kunststoffs in noch nicht gefüllte Bereiche der Kavität und erzeugt auf diese Weise einen Hohlkörper (Bild 11.4).

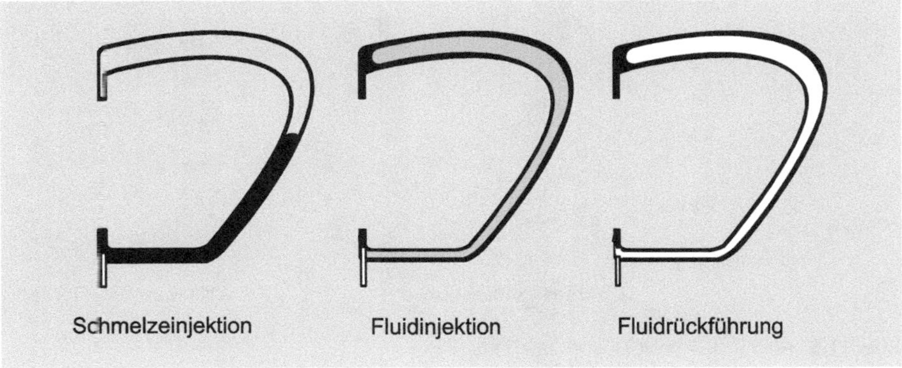

Bild 11.4 Prozessablauf Fluidinjektionstechnik

Gasinjektionstechnik Wasserinjektionstechnik Projektilinjektionstechnik

Das klassische Anwendungsgebiet der GIT ist die Herstellung langer und dickwandiger Formteile. Aufgrund verbesserter Verfahrenstechnik und größerem Prozesswissen werden zunehmend hochintegrierte Produkte hergestellt. So konnte z. B. bei einem Pkw-Türinnenmodul die Anzahl der Bauteilkomponenten, die vorher montiert werden mussten, deutlich reduziert werden. Eine weitere wachsende Bedeutung findet die GIT für Anwendungen, bei denen der Hohlraum selbst eine Funktion übernimmt, wie z. B. bei Medienleitungen. Auch bei der Herstellung großflächiger und verrippter Formteile bietet die GIT Vorteile. Die Rippen werden dabei als Schmelze- und Gasführungskanäle verwendet, d. h. man erhält durch die Rippen eine Art Kanalsystem für das Fluidentlang eines Formteils. Somit wird der benötigte Einspritz- und Nachdruck wesentlich verringert. Der Verzug dieser Formteile wird dadurch reduziert, dass der Gasdruck konstant in allen Hohlräumen wirkt und es dadurch zu einer gleichmäßigeren Druckverteilung in der Schmelze während der Nachdruckphase kommt. Dies vermeidet Schwindungsunterschiede im Formteil, wie sie beim konventionellen Spritzgießen entstehen, da hier der Druck in der Schmelze von Fließweganfang bis Fließwegende linear abfällt. Dieser Vorteil kann vor allem genutzt werden, um teure, schwindungsarme technische Thermoplaste durch preiswertere Massenkunststoffe (z. B. Polypropylen) zu ersetzen.

Wanddicken/Zykluszeit

Die WIT findet ähnlich wie die GIT Anwendung bei der Herstellung langer und dickwandiger Bauteile sowie bei der Fertigung von Medienleitungen. Beim WIT-Verfahren kommt anstelle des Gases Wasser zum Einsatz. Als Ergebnis lassen sich, verglichen mit der GIT, geringere Wanddicken erzielen. Aufgrund der deutlich besseren Kühlwirkung des Wassers im Vergleich zum Gas erreicht man bei der WIT eine deutliche Reduzierung der Zykluszeit von bis zu 70%.

Projektilinjektionstechnik

Eine dritte Variante der FIT ist das Sonderverfahren Projektilinjektionstechnik (PIT). Mithilfe des injizierten Mediums wird bei der PIT die noch schmelzeförmige Kunststoffseele durch ein Projektil zur Bildung des Hohlraums verdrängt. Das Fluid treibt dabei das Projektil vor sich her (siehe Bild 11.5).

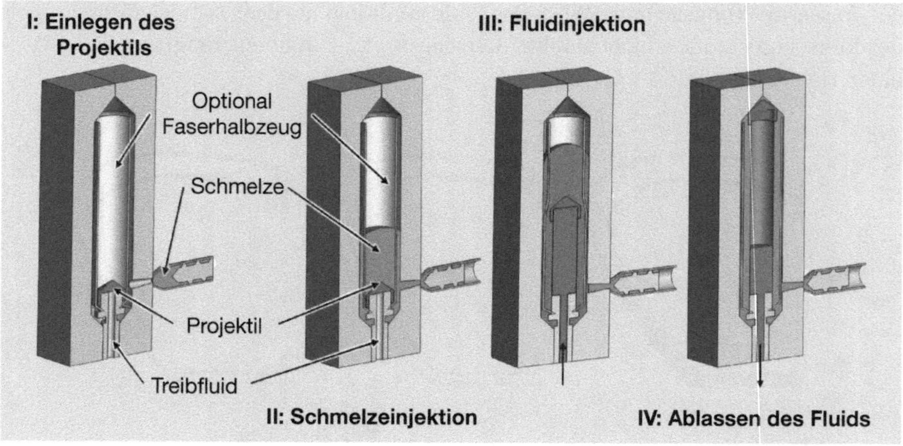

Bild 11.5 Ablauf des Projektilspritzgießens

Oberflächen

Bei diesem Verfahren definiert der Durchmesser des Projektils die resultierenden Wanddicken und damit das Gewicht des Hohlkörpers. Die Restwanddicken der Bauteile können bei der PIT aber praktisch unabhängig von den rheologischen Eigenschaften des Materials eingestellt werden. Die PIT ermöglich deutlich bessere Oberflächen auf der Innenseite der Medienleitung und einen gleichbleibenden Innendurchmesser über die gesamte Länge des Bauteils. Aufgrund der genannten Eigenschaften des Hohlraums tritt in den Medienleitungen lediglich ein geringer Druckverlust auf. Es wird also dort eingesetzt, wo die klassische FIT ihre wirtschaftlichen und prozesstechnischen Grenzen findet. Allerdings ist die praktische Anwendung mit hohen Kosten verbunden, da noch wichtige Grundlagen der Verfahrenstechnik fehlen.

Overmoulding

Bei den Additionsverfahren, die auch mit dem Begriff Overmoulding bezeichnet werden, werden die einzelnen Kunststoffe über zwei oder mehrere separate Angusssysteme in das Werkzeug eingespritzt. Die Herstellung von Spritzgussteilen nach einem Additionsverfahren, bei denen die Komponenten eine stoffschlüssige Verbindung an der Grenzfläche eingehen, wird mit dem Begriff Verbund-Spritzgießen bezeichnet. Eine nicht lösbare Verbindung kann bei nicht haftenden Materialkombinationen konstruktiv durch Formschluss realisiert werden. Additionsverfahren, bei denen zwei Kunststoffe stoff- oder formschlüssig an- oder übereinander gespritzt werden, werden als Mehrfarben- oder Mehrrohstoff-Spritzgießen bezeichnet (Bild 11.2). Im ersten Fall werden zumeist gleiche, jedoch unterschiedlich eingefärbte Materialien aneinander gespritzt. Im zweiten Fall werden unterschiedliche aber zugleich verträgliche Materialien aneinander gespritzt, um unterschiedliche Werkstoffeigenschaften an einem Bauteil zu kombinieren. Das Verbund-Spritzgießen hat seinen Markt in der Herstellung von mehrfarbigen, insbesondere transparenten Bauteilen wie Heckleuchten oder Bedienelementen gefunden.

Hart-Weich-Verbunde

Große Bedeutung haben Hart-Weich-Kombinationen, bei denen z.B. eine elastische Dichtung an ein starres Konstruktionsteil angespritzt wird oder statt eines aufwendigen Federsystems der Druckpunkt einer Tastatur mithilfe einer Silikondichtung erzeugt wird. Bei Bauteilen, bei denen neben den Eigenschaften des Thermoplasten zusätzlich eine Griffigkeit, eine Rutschfestigkeit oder Flexibilität gefordert wird, sind thermoplastische Elastomere als zweite Komponente geeignet. Dies gilt auch für Bauteile, bei denen eine geringere Lärmentwicklung, ein besseres Abrollverhalten oder eine bessere Einfärbbarkeit der Teile gefordert wird. In neuerer Zeit werden auch klassische Gummi-Metall-Kombinationen durch Verbundspritzgussteile für Hart-Weich-Kombinationen wie Elastomer/Thermoplast- und thermoplastische Elastomer/Thermoplast-Verbunde ersetzt.

Montage-Spritzgießen

Das Montage-Spritzgießen (Bild 11.1), welches ebenfalls zu den Additionsverfahren gezählt werden kann, erlaubt die Herstellung beweglicher Komponenten in einem Werkzeug, wie z.B. bei Pkw-Luftausströmern, Scharnieren oder beweglichen Gelenken bei Spielfiguren. Hierbei ist es von Bedeutung, dass die Materialien nicht verschweißen, sondern unterschiedlich frei schwinden, sodass sich an der Gelenkanbindung ein Spiel ergibt und das Gelenk somit beweglich ist. Die unterschiedliche Schwindung kann durch die Verwendung verschiedener Materialien oder bei gleichen Materialien durch die Spritzgießparameter oder durch eine spezielle Temperierung erzielt werden.

11.3 Spritzprägen

Spritzprägeverfahren

Das Spritzprägeverfahren hat ebenso wie die Fluidinjektionstechnik oder der Thermoplastschaumspritzgießen das Ziel, dickwandige Formteile ohne Einfallstellen herzustellen wie hochwertige Kunststoffoptiken. Es wird außerdem auch eingesetzt, um dünnwandige Formteile mit sehr langen Fließwegen mit geringen Eigenspannungen und Orientierungen herzustellen.

Prozessphasen/ Einspritzen/Prägen

Das Spritzprägen kann in die zwei Prozessphasen Einspritzen und Prägen unterteilt werden. Während der Einspritzphase wird eine genau vordosierte Kunststoffschmelze in das um einen Prägespalt geöffnete Werkzeug eingespritzt (Bild 11.6). Da zu diesem Zeitpunkt das Volumen der Kavität größer als das spätere Formteilvolumen ist, bildet die eingespritzte Schmelze einen Massekuchen. In der Prägephase wird dieser Schmelzekuchen durch Zufahren der schließseitigen Werkzeughälfte im Formhohlraum verteilt und ausgeformt. Dies setzt jedoch voraus, dass der Anguss zu Beginn der Prägephase verschlossen wird, um ein Zurückfließen der Schmelze aus der Werkzeugkavität zu verhindern. Aufgrund der flächigen Druckverteilung treten beim Spritzprägen im Vergleich zum Spritzgießen niedrigere Drücke auf.

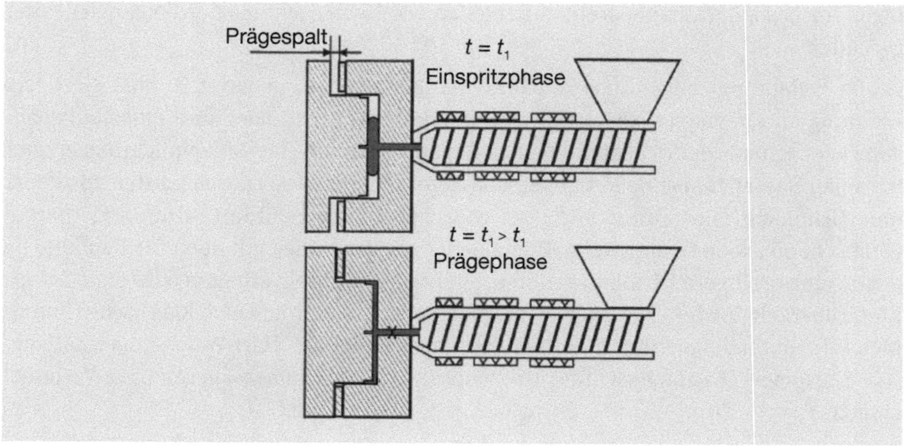

Bild 11.6 Verfahrensablauf beim Spritzprägen

DVD

Weiterhin können hierdurch auch die Orientierungen im Formteil reduziert werden. Aus diesem Grund wird die DVD, die nur halb so dick ist wie die CD, im Spritzprägeverfahren hergestellt.

11.4 Kaskadenspritzgießen

Kaskadenspritzgießen/ Niederdruckverfahren/ lange Fließwege/ Bindenähte

Das Kaskadenspritzgießen findet als Niederdruckverfahren Anwendung bei Formteilen mit langen Fließwegen, bei denen Bindenähte im Sichtbereich nicht akzeptiert werden können. Häufig wird es auch bei der Herstellung von textil-dekorierten Formteilen eingesetzt. Grundsätzlich wird das Formteil über ein Heißkanalsystem über mehrere Anschnitte gefüllt. Jeder Anschnitt ist durch eine Nadelverschlussdüse von der Kavität abgetrennt. Die Nadelverschlussdüsen lassen sich gezielt öffnen und wieder verschließen. Es wird zunächst eine Nadelverschlussdüse geöffnet und die Schmelze strömt über den Anschnitt in die Kavität. Wird ein weiterer Anschnitt erreicht, so wird die entsprechende Nadelverschlussdüse ebenfalls freigegeben. Die Schmelze strömt nun über beide Anschnitte in die Kavität, wobei der Hauptvolumenstrom aufgrund des geringeren Fließwiderstandes über den zuletzt geöffneten Anschnitt fließt. Da bei diesem Verfahren zu jedem Zeitpunkt nur eine Fließfront bzw. bei länglichen und zentrisch angespritzten Bauteilen beidseitig jeweils eine Fließfront existiert werden Bindenähte vermieden.

11.5 Hinterspritztechnik

Mit Hinterspritztechnik wird ein Verarbeitungsverfahren bezeichnet, mit dem sich in wenigen Arbeitsschritten im Spritzgießverfahren dekorierte Formteile herstellen lassen. Die Formteile bestehen aus einem thermoplastischen Träger und einem Dekormaterial. Bei den Dekormaterialien handelt es sich meist um Folien oder Textilien.

Hinterspritztechnik

Die Dekormaterialien werden ins Werkzeug eingelegt und mit dem Trägermaterial hinterspritzt. Anwendungsbeispiele sind Handygehäuse oder Türseitenverkleidungen, Behälter, Hutablagen sowie A-, B- und C-Säulenverkleidungen im Pkw.

Dekormaterial

11.6 Erfolgskontrolle zur Lektion 11

Nr.	Frage	Antwortauswahl
1	Zur Reduzierung des Verzugs bei großflächigen Formteilen wird ____________ eingesetzt.	*das Verbundspritzgießen* *die Gasinjektionstechnik*
2	Die Herstellung dekorierter Formteile im Spritzgießprozess kann mittels ____________ erfolgen.	*der Hinterspritztechnik* *Thermoplastschaumspritzgießen*
3	Beim Thermoplastschaumspritzgießen können Werkzeuginnendrücke von typischerweise ____________ verwendet werden.	*über 100 bar* *unter 100 bar*
4	Das Sandwich-Spritzgießen gehört zu den ____________.	*Additionsverfahren* *Sequenzverfahren*
5	Im Vergleich zum GIT-Verfahren kann das WIT-Verfahren ____________ Wanddicken erzielen.	*niedrigere* *höhere*
6	Für eine Kombination aus unterschiedlichen Werkstoffeigenschaften in einem Bauteil wird das ____________ angewendet.	*Mehrrohstoff-Spritzgießen* *Verbund-Spritzgießen*
7	Beim Spritzprägen treten ____________ Drücke im Vergleich zum Spitzgießen auf.	*höhere* *niedrigere*
8	Overmoulding bezeichnet die ____________.	*Additionsverfahren* *Sequenzverfahren*
9	Eine unterschiedlich freie Schwindung anstatt Schweißung der Materialien produziert das ____________.	*Montage-Spritzgießen* *Mehrfarben-Spritzgießen*
10	Wesentlich bessere Oberflächen werden mit dem ____________-Verfahren erreicht.	*WIT* *GIT* *PIT*

12 Anhang Das Spritzgießunternehmen und seine Berufsmöglichkeiten

Leitfragen

Wie ist ein Spritzgießunternehmen aufgebaut?

Wie ist der Auftragsdurchlauf in einem Spritzgießbetrieb?

Welche aktuellen Anforderungen stellen sich heute?

Welche Voraussetzungen muss man für die industrielle Ausbildung zum/zur Verfahrensmechaniker/Verfahrensmechanikerin für Kunststoff- und Kautschuktechnik mitbringen?

Welche Schwerpunkte umfasst die Ausbildung?

Welche Weiterbildungs- und Aufstiegsmöglichkeiten gibt es?

Inhalt

12.1 Das Spritzgießunternehmen

12.1.1 Aufbau eines Spritzgießunternehmens

Ein Spritzgießbetrieb ist ein sozio-organisatorisches Gebilde. Alle Beschäftigten tragen zum Erfolg des Betriebes bei. Damit ein Spritzgießunternehmen qualitativ hochwertige Produkte fertigen kann, müssen die einzelnen Abteilungen kooperativ zusammenarbeiten.

Spritzgießbetrieb

In Bild 12.1 ist für einen mittleren bis großen Spritzgießbetrieb, worunter man Betriebe mit mehr als 50 und weniger als 500 Beschäftigte fasst, die Aufbauorganisation dar-

Aufbauorganisation

gestellt. Die Aufbauorganisation gibt an, wie die einzelnen Abteilungen oder Funktionsbereiche hierarchisch einander zugeordnet sind. Man spricht auch von Abteilungen, in die ein Betrieb unterteilt ist. Hervorgehoben sind zwei Hauptbereiche:

- Werkzeugbau und
- Spritzgießfertigung.

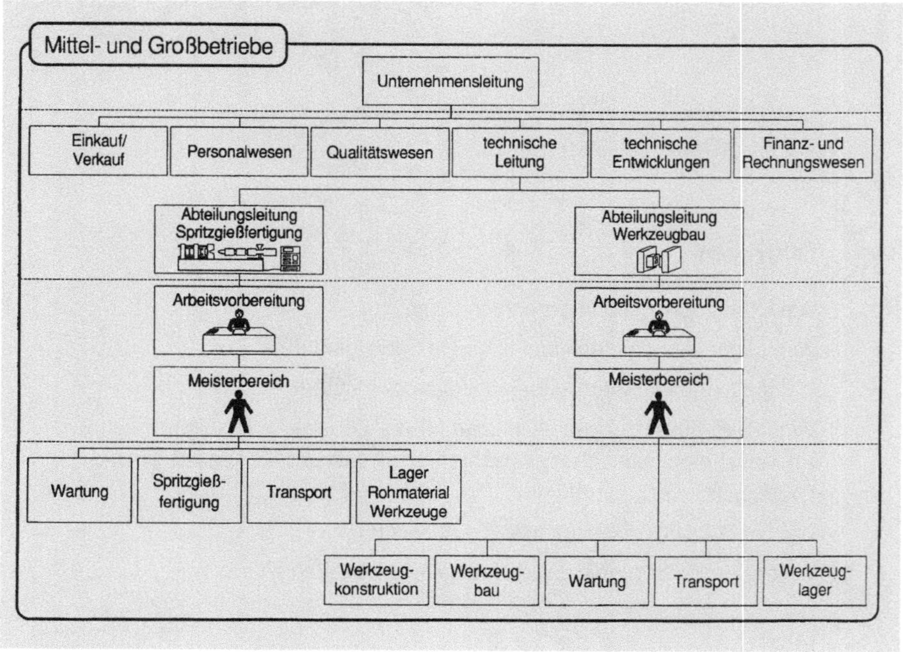

Bild 12.1 Organisatorischer Aufbau eines Spritzgießunternehmens

Werkzeugbau
Spritzgießfertigung

Bei dem Werkzeugbau handelt es sich um einen Metallverarbeitungsbereich, während die Spritzgießfertigung den Kunststoffverarbeitungsbereich darstellt. Beide Bereiche sind unterschiedlich organisiert. Während im Werkzeugbau meist nur Facharbeiter (Werkzeugmacher) arbeiten, sind in der Spritzgießproduktion neben den Verfahrensmechanikern Kunststoff- und Kautschuktechnik auch viele Hilfskräfte und Angelernte beschäftigt. Der Werkzeugbaubereich ist in vielen Spritzgießbetrieben unterschiedlich groß. Viele Spritzgießunternehmen fertigen ihre Werkzeuge nicht oder nur zu einem geringen Teil selbst, setzen sie aber instand, d. h. sie führen einfache Reparaturen und die Werkzeugwartung durch. Je nach Größe des Betriebes können weitere Fertigungsbereiche hinzukommen, wie zum Beispiel eine Montageabteilung, wo mehrere Teile zu einem Systemteil zusammengebaut werden.

Gruppenarbeit

Durch die hohen Anforderungen in der Fertigung haben sich auch neue Formen der Arbeitsorganisation in Spritzgießunternehmen etabliert. Hierunter zählt die Gruppenarbeit in der Fertigung als modernes arbeitsorganisatorisches Prinzip. In diesen Fällen können sich die Bereiche und Begriffe ändern. Man spricht dann nicht mehr von Meisterbereichen sondern von Fertigungssegmenten oder auch Fertigungsfraktalen. Hierbei ändert sich auch die Meisterrolle, die sich zur Funktion eines Coaches und Betriebsmanagers wandelt.

12.1.2 Ablauforganisation in einem Spritzgießbetrieb

Ablauforganisation in einem Spritzgießbetrieb

Neben der Aufbauorganisation eines Betriebes gibt es noch die Ablauforganisation. Sie gibt den Ablauf eines Auftrages innerhalb des Betriebes an, vom Kundenauftrag bis zur Auslieferung der Produkte an den Kunden. Je besser dieser Prozess des Auftragsdurchlaufs in einem Betrieb organisiert ist, desto besser kann das Unternehmen sich auf dem Markt behaupten. In Bild 12.2 ist die Ablauforganisation eines Spritzgießbetriebes exemplarisch dargestellt. Auch in diesem Fall ist deutlich zu sehen, dass es unterschiedliche Bereiche gibt, die eigentliche Teilefertigung, also die Spritzgießfertigung, und den Werkzeugbau.

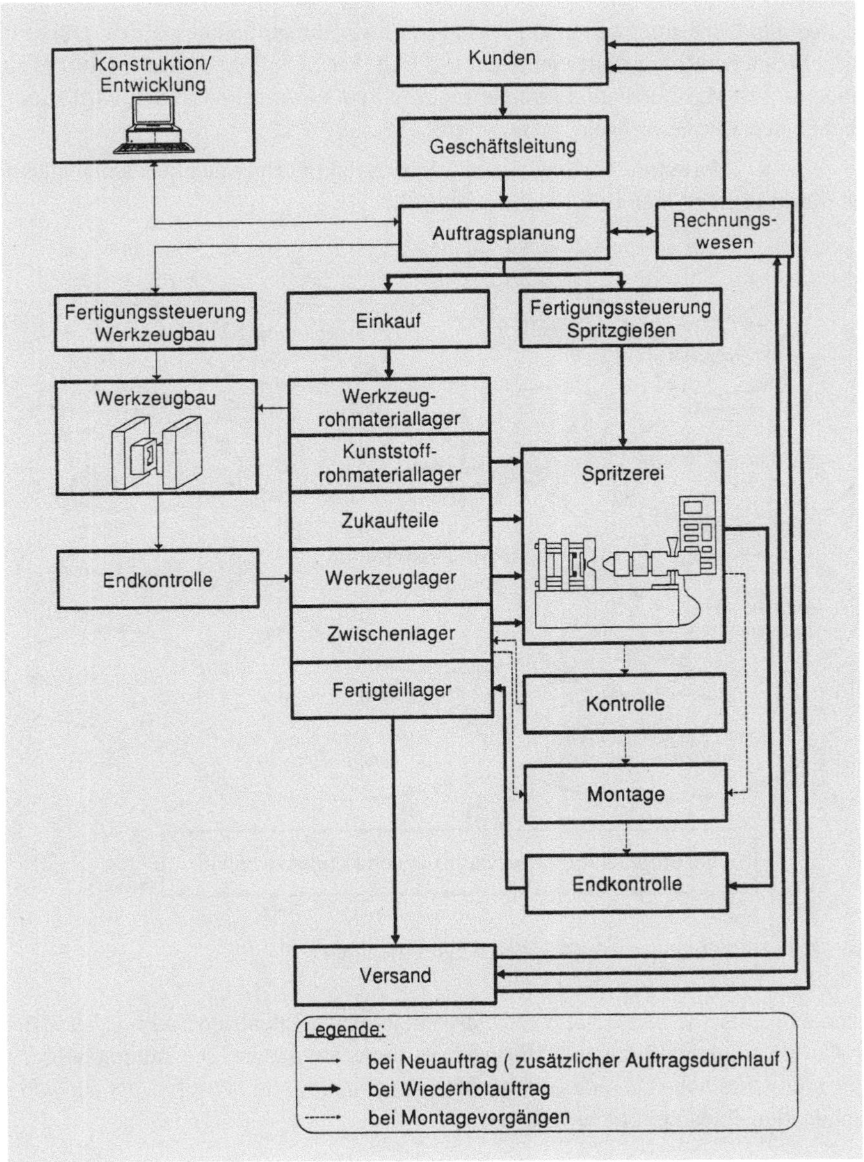

Bild 12.2 Ablauforganisation eines Spritzgießbetriebes

Neuauftrag
Wiederholauftrag
Montage

Zu erkennen ist, dass alle betrieblichen Funktionsbereiche zusammenwirken. Je nachdem, ob es sich um einen Neuauftrag, einen Wiederholauftrag oder einen Auftrag mit Montagevorgängen handelt, werden unterschiedliche Abteilungen mit einbezogen. Neuaufträge benötigen mehr Zeit, weil sowohl das Teil als auch das Werkzeug zuerst konstruiert werden müssen und das Werkzeug gebaut werden muss. Bei einem Wiederholauftrag muss nur die Spritzgießmaschine mit dem entsprechenden im Werkzeuglager befindlichen Werkzeug umgerüstet werden.

12.1.3 Anforderungen an ein Spritzgießunternehmen

Erfolgsfaktoren eines Spritzgießunternehmens

Die Bedingungen, unter denen ein Spritzgießunternehmen heute produziert, sind vielfältig. Neben den Erfolgsfaktoren „Qualität" und „Preis" tritt der Faktor „Zeit" bei einer kundennahen Marktbedienung immer mehr in den Vordergrund und er wird zum entscheidenden Wettbewerbsparameter.

Die aktuellen Marktanforderungen an ein Spritzgießunternehmen, das einen allgemeinen Markt bedient, sind in Bild 12.3 dargestellt.

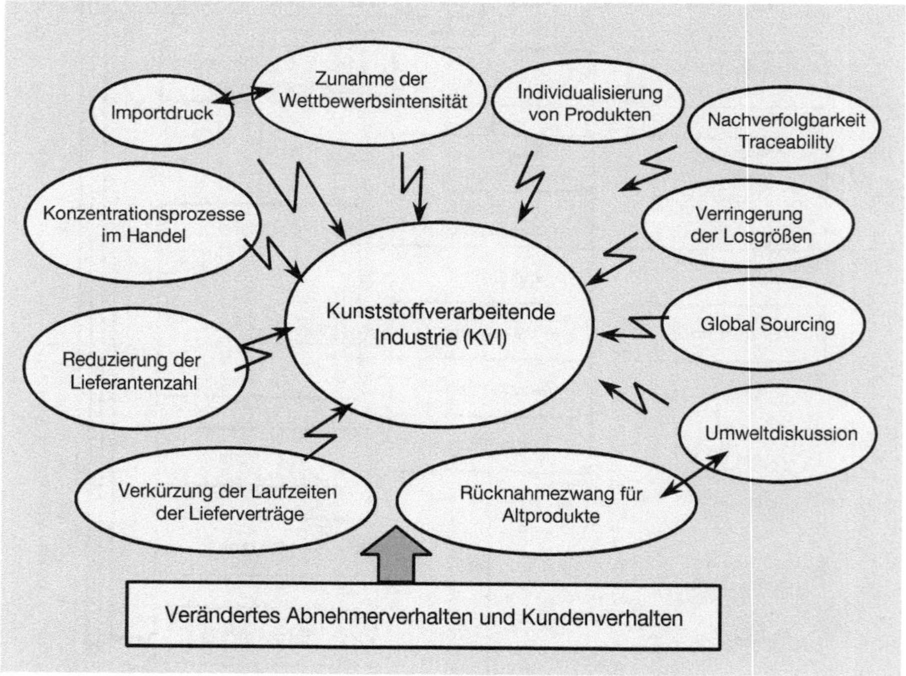

Bild 12.3 Anforderungen an ein Spritzgießunternehmen

Zulieferer

Besondere Anforderungen stellen sich an einen Spritzgießbetrieb, wenn er als Zulieferer für die Automobilbranche Teile oder Systeme produziert. Die Automobilbranche stellt besonders hohe Qualitätsanforderungen sowohl an die Produkte, als auch an die Organisation eines Zulieferbetriebes.

Schlagworte hierzu sind die Begriffe „Just in time“ und „Just in sequence“. Just in time bedeutet, dass die produzierten Teile nicht mehr zwischengelagert werden, sondern direkt zur „richtigen“ Zeit nach vereinbarten Abrufen an den Endproduzenten geliefert werden. Just in sequence bedeutet, dass die Teile zum Beispiel direkt an das Band eines Automobilherstellers angeliefert werden in der Reihenfolge bzw. Sequenz - zum Beispiel bei Autositzen farblich den Innenfarben des Autos zugeordnet - wie sie eingebaut werden. Das bedeutet, dass der Zulieferer eine hohe Produktqualität liefern muss, denn es verbleibt keine Zeit mehr, um Fehler zu korrigieren; anderenfalls würde das Fertigungsband stillstehen, was immense Kosten verursachen würde. Neben fertigungstechnischen Anforderungen muss der Zulieferer somit auch logistische Anforderungen bewältigen.

Just in time
Just in sequence

12.2 Berufe in der Kunststoffverarbeitenden Industrie (KVI)

Die Nachfrage nach qualifizierten Fachkräften ist in der Kunststoffverarbeitung, einer Zukunftsbranche mit über 316 000 Beschäftigten und ca. 60 Mrd. € Umsatz in über 2853 Betrieben im Jahre 2015, ungebrochen. Im Jahre 2014 konnte die Kunststoffbranche erneut ein Umsatzplus von über 1,3 % verbuchen.

Zukunftsbranche

Das Berufsbild „Verfahrensmechaniker/in für Kunststoff- und Kautschuktechnik“ ist ein anerkannter Ausbildungsberuf nach dem Berufsbildungsgesetz (BBiG). Zudem gibt es seit dem Jahr 2013 einen zweiten eigenständigen Kunststoffberuf, den/die Werkstoffprüfer/in Fachrichtung Kunststofftechnik. Dieser soll die Unternehmen dabei unterstützen, sich den wachsenden Herausforderungen des gesamten Prüf- und Überwachungswesens erfolgreich zu stellen.

VerfahrensmechanikerIN für Kunststoff- und Kautschuktechnik

Für den/die Verfahrensmechaniker/Verfahrensmechanikerin für Kunststoff- und Kautschuktechnik ist gesetzlich keine bestimmte Schulbildung als Zugangsvoraussetzung vorgeschrieben. Erwartet wird in der Regel aber ein guter Hauptschulabschluss, das Interesse an den naturwissenschaftlichen Fächern Mathematik/Physik und Chemie, außerdem noch Werken/Technik, ein gewisses Verständnis für technische Zusammenhänge und die Bereitschaft sich mit EDV auseinanderzusetzen. Des Weiteren sollte gerne im Team gearbeitet werden, dabei sind auch Führungsqualitäten nicht zu vernachlässigen. Eine Affinität zum handwerklichen Arbeiten und für die Bedienung von Maschinen sollte vorhanden sein. Die Ausbildung steht Frauen wie Männern gleichermaßen offen.

Für den/die Verfahrensmechaniker/Verfahrensmechanikerin für Kunststoff- und Ausbildungsvoraussetzungen

12.2.1 Ausbildungsdauer und Ausbildungsinhalte

Ausbildungsdauer	Insgesamt beträgt die Dauer der Ausbildung drei Jahre. Sie kann unter bestimmten Voraussetzungen verkürzt werden.
Die Ausbildungs-struktur	Die Ausbildung erfolgt in zwei Teilen, einem „Allgemeinen Teil" zu Beginn der Ausbildung und nach ca. der Hälfte der Ausbildung beginnt ein zweiter Teil, der sich auf die „Spezialisierung" in eine der sieben Fachrichtungen konzentriert.
Erster Abschnitt: Allgemeiner Teil	Im Allgemeinen Teil der Ausbildung werden die unterschiedlichen Kunststoffe und ihre Eigenschaften vermittelt, wie man sie richtig be- und verarbeitet oder auch die Planung und Steuerung der Produktion.
Inhalte	Weiter werden Inhalte zu den Themen, ▪ Berufsbildung, Arbeits- und Tarifrecht ▪ Aufbau und Organisation des Ausbildungsbetriebes ▪ Beschaffung, Fertigung, Absatz sowie Verwaltung der ▪ Produktionsmaterialien und Ergebnisse ▪ Rechte und Pflichten der Auszubildenden ▪ Sicherheit und Gesundheitsschutz bei der Arbeit ▪ Umweltschutzmaßnahmen gelehrt.
Zweiter Abschnitt	Während der Spezialisierung in der zweiten Hälfte der Ausbildung werden in Abstimmung mit dem jeweiligen Unternehmen die fachrichtungsspezifischen Inhalte gelehrt.
Spezialisierung	Hervorzuheben ist, dass die Fachrichtung auf dem Abschlusszeugnis steht, das Arbeiten mit diesem Abschluss ist jedoch auch in anderen Bereichen nach einer kurzen Einarbeitungszeit auch in anderen Fachrichtungen möglich ist.
Fachrichtungen	Bei den sieben Fachrichtungen handelt es sich um: ▪ Formteile (z. B. Spielfiguren, Flaschen) ▪ Halbzeuge (z. B. Rohre, Folien und Platten, die weiterverarbeitet werden) ▪ Mehrschichtkautschukteile (z. B. Autoreifen) ▪ Compound- und Masterbatchherstellung (Herstellung von Kunststoffmischungen) ▪ Bauteile (z. B. Plexiglas-Platten für Aquarien) ▪ Faserverbundtechnologie ▪ Kunstofffenster
Aufgaben und Tätigkeiten	Sie planen die Fertigung von Kunststoff- und Kautschukprodukten, richten die jeweils entsprechenden Produktionsmaschinen und -anlagen ein und bereiten die Rohmassen bzw. Rohstoffe oder auch Halbzeuge auf. Granulat oder flüssige Massen füllen sie in die Einfüllvorrichtungen, Halbzeuge legen bzw. spannen sie in die entsprechenden Werkzeuge ein. Schließlich fahren sie die Anlagen an, überwachen die Bearbeitungsgänge und regulieren ggf. nach. Als Fachleute für

	polymere Werkstoffe kennen sie deren spezifische Eigenschaften. Für jedes Produkt - vom Form-, Bau- oder Mehrschichtkautschukteil über das Halbzeug bis hin zu Faserverbundkunststoffen und Kunststofffenstern - wenden sie das geeignete Be- bzw. Verarbeitungsverfahren an. Sie kontrollieren die Qualität der fertigen Produkte, reinigen und warten die Produktionseinrichtungen und halten sie instand.
Prüfung	Die Ausbildungsprüfung ist in zwei Teile untergliedert. Im ersten Teil wird der Wissensstand nach der ersten Hälfte der Ausbildung abgefragt, er geht mit 25 % in die Endnote ein. Der zweite Teil findet am Ende der Ausbildung statt und macht 75 % der Endnote aus.

Ausbildungsdauer und Ausbildungsinhalte zum Werkstoffprüfer/in Fachrichtung Kunststofftechnik

Ausbildungsvoraussetzungen Werkstoffprüfer/in Fachrichtung Kunststofftechnik	Die Ausbildung dauert dreieinhalb Jahre. Sie kann unter bestimmten Voraussetzungen verkürzt werden. Das Berufsbild „Werkstoffprüfer" wird in den Fachrichtungen Metalltechnik, Wärmebehandlungstechnik, Systemtechnik und Fachrichtung Kunststofftechnik ausgebildet. Als Voraussetzung wird in der Regel ein Haupt- oder Realschulabschluss, das Interesse an den naturwissenschaftlichen Fächern Mathematik/Physik und Chemie, außerdem noch Werken/Technik, ein gewisses Verständnis für technische Zusammenhänge und die Bereitschaft sich mit EDV auseinanderzusetzen. Des Weiteren sollte gerne im Team gearbeitet werden, dabei sind auch Führungsqualitäten nicht zu vernachlässigen. Eine Affinität zum handwerklichen Arbeiten und für die Verwendung von Maschinen sollte vorhanden sein. Die Ausbildung steht Frauen wie Männern gleichermaßen offen.
Inhalte	Die Ausbildungsinhalte sind: ▪ Analyse von Kunststoffeigenschaften ▪ Durchführung von Prüfverfahren ▪ Bewertung von Prüfverfahren ▪ Schadensanalyse ▪ Aufbau und Organisation des Ausbildungsbetriebes ▪ Beschaffung, Fertigung, Absatz sowie Verwaltung der Produktionsmaterialien und Ergebnisse ▪ Rechte und Pflichten der Auszubildenden ▪ Sicherheit und Gesundheitsschutz bei der Arbeit ▪ Umweltschutzmaßnahmen
Prüfung	Die Ausbildungsprüfung besteht für alle kommenden Werkstoffprüfer/innen aus zwei Teilen. Der erste Teil erfolgt noch in der ersten Hälfte der Ausbildungszeit. Der zweite Teil findet am Ende der Ausbildung statt. Die Ergebnisse beider Teile fließen in die Endnote ein.

12.2.2 Weiterbildung und Aufstiegsmöglichkeiten

Entwicklung	Der/die Verfahrensmechaniker/Verfahrensmechanikerin für Kunststoff- und Kautschuktechnik sowie Werkstoffprüfer/in Fachrichtung Kunststofftechnik arbeitet in einem Industriebereich, der sich ständig weiterentwickelt. Neue Werkstoffe, die Mikroelektronik und mit ihr der Trend zur Automatisierung kompletter Produktionsanlagen verändern Arbeitsabläufe, Produktionsmethoden und die Organisationsstrukturen der Betriebe. Damit ändern sich aber auch die Anforderungen an die Qualifikation der Beschäftigten. Kontroll- und Überwachungstätigkeiten, Störungsdiagnose, aber auch Kommunikations- und Kooperationsfähigkeit werden zu immer wichtiger werdenden Aufgaben.
Weiterbildung	Der/die Verfahrensmechaniker/Verfahrensmechanikerin für Kunststoff- und Kautschuktechnik und der/die Werkstoffprüfer/in Fachrichtung Kunststofftechnik müssen sich auf ein lebenslanges Lernen einstellen. In regelmäßigen Zeitabständen muss er Weiterbildungsmaßnahmen in Form von Schulungen und Lehrgängen besuchen, die von verschiedenen Institutionen der Weiterbildung angeboten werden. Er/Sie bleibt dadurch nicht nur auf dem Stand der Technik, sondern erhöht gleichzeitig seine/ihre Aufstiegschancen im Betrieb.
Industriemeister Kunststofftechniker Diplom-Ingenieur	Darüber hinaus besteht für die Möglichkeit sich über eine berufliche Fort- und Weiterbildung zum Kunststoff-Qualitätsprüfer oder Industriemeister ausbilden zu lassen oder aber durch den Besuch einer Fachschule den Abschluss als Kunststofftechniker zu erlangen. Ebenso steht ihm/ihr grundsätzlich das Studium zum Diplom-Ingenieur, Fachrichtung Kunststofftechnik, offen.

12.2.3 Berufslage und Zukunftsperspektive

Hohe Nachfrage	Der Beruf des/der Verfahrensmechaniker/Verfahrensmechanikerin für Kunststoff- und Kautschuktechnik sowie Werkstoffprüfer/in Fachrichtung Kunststofftechnik stellen Basisberufe der kunststoffbe- und verarbeitenden Industrie dar. Im Jahr 2015 befanden sich bundesweit über 6707 Verfahrensmechaniker Kunststoff- und Kautschuktechnik in Ausbildung. Zusätzlich begannen in 2015 bundesweit über 2499 zukünftige Verfahrensmechaniker/innen für Kunststoff- und Kautschuktechnik ihre Ausbildung.
zukünftiger Bedarf	Der Bedarf der Industrie nach qualifizierten Verfahrensmechaniker/Verfahrensmechaniker/innen für Kunststoff- und Kautschuktechnik sowie Werkstoffprüfer/in Fachrichtung Kunststofftechnik wird vom Gesamtverband kunststoffverarbeitende Industrie e. V. (GKV) in Bad Homburg auch zukünftig sehr hoch eingeschätzt.
Information	Auskünfte über die beiden Berufsbilder und ausbildende Betriebe erteilen die Berufsberatung der Arbeitsagenturen, und der Gesamtverband kunststoffverarbeitende Industrie e. V. (GKV) Kaiser-Friedrich-Promenade 43 in 61348 Bad Homburg

12.3 Arbeitsschutz Spritzgießmaschinen

12.3.1 Arbeitsschutz, Arbeitssicherheit und normative Regelungen

Arbeitsschutz hat das Ziel, das Leben und die Gesundheit der Menschen vor den Gefahren zu schützen, die bei der Arbeit oder durch die Arbeit entstehen.

Arbeitsschutz

Arbeitssicherheit ist der Zustand, in dem der Beschäftigte vor berufsbedingten Gefahren geschützt ist. Arbeitssicherheit ist demnach eine wichtige Aufgabe des Unternehmens. Die Arbeitssicherheit obliegt der Verantwortung des Managements.

Arbeitssicherheit

Damit der Zustand der Arbeitssicherheit im Unternehmen und in der Fertigung dauerhaft gewährleistet werden kann, werden Vorschriften zur Unfallverhütung erlassen, die auf gesetzlichen Grundlagen basieren. Ein Beispiel für die gesetzliche Basis ist Paragraf 2 des Grundgesetzes, der die körperliche Unversehrtheit des Menschen zum Gegenstand hat.

Unfallverhütung

Unfallverhütungsvorschriften (UVV) und Hinweise zur Unfallverhütung werden erstellt, um auf die Gefahren am Arbeitsplatz aufmerksam zu machen, und um das Eintreten von Unfällen zu reduzieren, wodurch die Arbeitssicherheit erhöht wird. UVV dienen dem Schutz des Menschen.

Unfallverhütungsvorschriften

Die Berufsgenossenschaftlichen Regeln (BGR) sind die von den deutschen Berufsgenossenschaften (BG) herausgegebenen Regeln und Empfehlungen zur Arbeitssicherheit und Gesundheitsschutz. Sie ergänzen die Berufsgenossenschaftlichen Vorschriften (BGV) und geben dem Arbeitgeber Hinweise, wie er die Schutzziele der BGVen erreichen kann. Die Bezeichnungen BGR und BGV wurden durch neue Bezeichnungen der Deutschen Gesetzlichen Unfallversicherung (DGUV) seit dem 1. Mai 2014 ersetzt. Seit diesem Datum gilt die „DGUV Regel 100-500“ (früher BGR 500) für das „Betreiben von Arbeitsmitteln“. Hierunter fällt auch das Arbeitsmittel „Spritzgießmaschine“.

Arbeitsplatz „Spritzgießmaschine“ BGR 500

BG-Regeln, so auch die BGR 500 richten sich in erster Linie an den Unternehmer und sollen ihm Hilfestellung bei der Umsetzung seiner Pflichten aus staatlichen Arbeitsschutzvorschriften oder Unfallverhütungsvorschriften geben sowie Wege aufzeigen, wie Arbeitsunfälle, Berufskrankheiten und arbeitsbedingte Gesundheitsgefahren vermieden werden können. Der Unternehmer kann bei Beachtung der in BG-Regeln enthaltenen Empfehlungen davon ausgehen, dass er die in Unfallverhütungsvorschriften geforderten Schutzziele erreicht. Andere Lösungen sind möglich, wenn Sicherheit und Gesundheitsschutz in gleicher Weise gewährleistet sind. Sind zur Konkretisierung staatlicher Arbeitsschutzvorschriften von den dafür eingerichteten Ausschüssen technische Regeln ermittelt worden, sind diese vorrangig zu beachten. Werden verbindliche Inhalte aus staatlichen Arbeitsschutzvorschriften oder aus Unfallverhütungsvorschriften wiedergegeben, sind sie durch Fettdruck kenntlich gemacht oder im Anhang zusammengestellt. Erläuterungen, insbesondere beispielhafte Lösungsmöglichkeiten, sind durch entsprechende Hinweise in Kursivschrift gegeben.

Die EN-Norm für sicherheitstechnische Festlegungen für Spritzgießmaschinen ist in eine Deutsche Norm überführt worden. Als DIN EN 201 gilt sie zur Zeit in der Fassung vom Februar 2010. Der Inhalt dieser Norm für Spritzgießmaschinen ist in Tabelle 12.1 wiedergegeben.

DIN EN 201

Tabelle 12.1 Inhalte der europäischen Norm für Spritzgießmaschinen DIN EN 201

0	Einleitung
1	Anwendungsbereich
2	Normative Verweisungen
3	Begriffe
4	Liste der signifikanten Gefährdungen
5	Sicherheitsanforderungen und Schutzmaßnahmen
6	Überprüfung der Sicherheitsanforderungen und/oder Schutzmaßnahmen
7	Benutzerinformation

12.3.2 Gefährdungen und wesentliche Gefahrenbereiche

Liste der Gefährdungen

Die Liste der Gefährdungen nach der Norm DIN EN 201 ist unterteilt in folgende Bereiche:

- Unter allgemeine Gefährdungen fallen mechanische Gefährdungen, Gefährdungen durch elektrische Energie, Gefährdungen durch thermische Einflüsse, Gefährdungen durch Lärm, Gefährdungen durch Gase, Dämpfe und Stäube sowie Gefährdungen durch Ausrutschen, Stolpern und Fallen.
- Zusätzliche Gefährdungen in einzelnen Maschinenbereichen betreffen den Werkzeugbereich, den Bereich des Schließmechanismus, den Bereich der Bewegungen der Antriebe von Kernen und Auswerfern außerhalb des Werkzeugbereiches und außerhalb des Bereichs des Schließmechanismus, den Düsenbereich, den Bereich der Plastifizier- und/oder Spritzeinheit und den Bereich der Ausfallöffnung (Bild 12.4).

Daneben werden in der DIN EN 201 noch zusätzliche bauartspezifische Gefährdungen angeführt, worunter Gefährdungsbereiche bei Karussellmaschinen oder etwa Gefährdungen bei Mehrstationenmaschinen mit beweglicher Plastifiziereinheit konkret angeführt werden.

Weiter nimmt die Norm Bezug auf Gefährdungen durch das Zusammenwirken von Spritzgießmaschine und Zusatzeinrichtungen, wie beispielsweise Werkzeugwechseleinrichtungen und Werkzeugspanneinrichtungen.

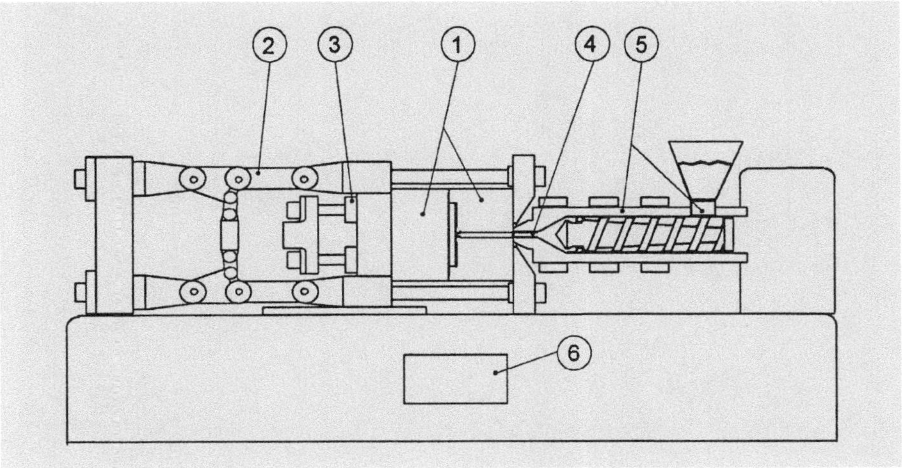

Bild 12.4 Wesentliche Gefahrenbereiche einer horizontalen Spritzgießmaschine
① Werkzeugbereich
② Bereich des Schließmechanismus oder Bereiche hinter der beweglichen Aufspannplatte
③ Bereich der Bewegungen der Antriebe von Kernen und Auswerfern
④ Düsenbereich
⑤ Bereich der Plastifizier- und/oder Spritzeinheit
⑥ Bereich der Ausfallöffnung

12.3.3 Unfallverhütungsvorschrift für Spritzgießmaschinen

Die DIN EN 201 benennt die Gefährdungsbereiche bei einer Spritzgießmaschine, während die Unfallverhütungsvorschriften konkrete Maßnahmen vorschreiben, die in der neuen DGUV Regel 100-500 vom Mai 2014 (früher BGR 500, vom April 2008) näher beschrieben werden.

Glossar

Aggregatzustand	Kunststoffe haben nur zwei Aggregatzustände: fest und flüssig. Kunststoffe zersetzen sich, bevor sie den gasförmigen Zustand erreichen.
Alphanumerisch	Bezeichnet Zeichenvorräte, zum Beispiel einer Tastatur, die numerische Zeichen (Ziffern) sowie Buchstaben eines Alphabets und Sonderzeichen enthalten.
Amorph	Ohne (regelmäßige) Gestalt, glasartig, nicht kristallin, ein Zustand höchster Unordnung oder strukturlos.
Angussbuchse	Ist Teil eines Spritzgießwerkzeuges. An sie legt sich die Düse der Spritzeinheit an. Durch sie strömt die Formmasse in das Werkzeug.
Angusskanal	Ist der Kanal, in dem die Formmasse von der Düse der Spritzeinheit bis zum Formnest geleitet wird.
Anisotropie	Richtungsabhängige Struktur (z. B. kleiner Teilchen, wie z. B. Glasfasern), deren Folge richtungsabhängige Eigenschaften sind.
Anschnitt	Nennt man den Querschnitt des Angusskanals an der Stelle, an der dieser in das Formnest mündet.
Anschnittfläche	Bezeichnet die Querschnittsfläche des Angusskanals an der Stelle, an der dieser in das Formnest mündet.
Automatisierungsgrad	Bemisst den Anteil der vollautomatischen Produktion einer Fertigungsstätte.
Axial	In Achsenrichtung.
Bindenaht	Entsteht beim Zusammenfließen von Teilströmen der Schmelze. Sie kann eine Schwachstelle (Festigkeitsreduzierung) im Formteil bilden.
Chemische Bindung	Verbindung zwischen Atomen und Molekülen aufgrund des Bestrebens einen energetisch günstigen Zustand zu erreichen.

Dehnung (bei Höchstkraft) Nennt man die Längenänderung, die ein Körper, der unter Einwirkung einer Kraft in eine Richtung gezogen wird, erfährt. Die Dehnung bei Höchstkraft ist jene, die der Körper bei der größten Kraft erfahren hat. Sie wird in Prozent der Ausgangslage angegeben.

Destillation Wichtigstes Trennverfahren der Chemie. Eine Technologie, bei der flüssige oder verflüssigte Stoffe von anderen (auch festen) Stoffen durch Verdampfen und Wiederkondensieren getrennt werden.

Dissipationsvorgänge Nennt man den Vorgang, bei dem Reibung in Wärme umgesetzt wird.

Dosieren Abmessen, zumessen, bestimmte Mengen zugeben.

Duales System Deutschland Aufgrund der Verpackungsverordnung (VerpackV) gibt es das Duale System Deutschland, das neben der kommunalen Müllabfuhr die Entsorgung und Verwertung von Verpackungsmüll betreibt. Die Abfallentsorgung in Deutschland ist somit dual, also zweigeteilt angelegt.

Duroplast Stark vernetzter Kunststoff, nicht schmelzbar, unlöslich, nicht quellbar. Bezeichnet eine Kunststoffgruppe, die auch oft als Duromere bezeichnet werden.

Einzugszone Erster Teil einer Schnecke, in dem der Rohstoff eingezogen wird und zur nächsten Zone weitertransportiert wird.

Elastizitätsmodul (E-Modul) Ist das Verhältnis von Spannung zu Deformation (Dehnung) im elastischen Bereich eines Stoffes. Im Zugversuch, Druckversuch und Biegeversuch kann er ermittelt werden. Wegen des viskoelastischen Verhaltens der Kunststoffe ist die Zeitabhängigkeit dabei zu beachten.

Elastomer Räumlich schwach vernetzter Kunststoff, nicht schmelzbar, unlöslich, aber quellbar. Bezeichnet eine Kunststoffgruppe.

Entformen Bezeichnet das Entnehmen des Formteils aus der Kavität.

Exotherme Reaktion Eine chemische Reaktion, bei der Wärme freigesetzt wird.

Fertigteil Fertig bearbeitetes Formteil (z. B. zusätzlich verschraubt, zusammengesetzt).

Fließtemperatur Oberhalb dieser Temperatur, die mit T_F bezeichnet wird, ist der Thermoplast durch geringe Krafteinwirkung urformbar.

Fluidinjektionstechnik Sonderverfahren des Spritzgießens, bei dem zunächst ein Polymer in das Werkzeug eingespritzt wird und anschließend durch Injektion eines Fluids (Gas oder Wasser) ein Hohlraum ausgebildet wird.

Formmasse Ist ein ungeformter oder vorgeformter Stoff, der durch spanloses Formen (Urformen) innerhalb bestimmter Temperaturbereiche zu Formstoffen, Bestandteil von Formteilen oder Halbzeugen, verarbeitet werden kann.

Formnest (Kavität) Wird der ein Formteil formende Hohlraum im Werkzeug genannt.

Formteil Das durch Ur- oder Umformen herstellte Kunststoffteil, das oft ohne Nacharbeit weiter verwendet werden kann.

Funktionelle Gruppen Atomgruppen, die chemischen Verbindungen einen bestimmten Charakter verleihen und ihre Einteilung in Stoffklassen mit übereinstimmendem chemischem Reaktionsvermögen ermöglichen (zum Beispiel Hydroxylgruppen der Alkohole, Carboxylgruppen der organischen Säuren, Aminogruppen der Amine).

Gasinjektionstechnik Sonderverfahren des Spritzgießens, bei dem zunächst ein Polymer ins Werkzeug eingespritzt und anschließend ein Inertgas injiziert wird.

Glasübergangstemperatur Bei dieser Temperatur (T_G) erweichen beim Erwärmen die amorphen Bereiche eines Thermoplasten.

Granulat Nennt man Kunststoffausgangsmaterial in Kornform. Es liegt meist in zylindrischer oder linsenförmiger Form vor.

Grüner Punkt Durch einen sogenannten „Grünen Punkt“ werden Verpackungsabfälle gekennzeichnet, die wiederverwertbar sind und im Rahmen des Dualen Systems Deutschland gesammelt werden.

Halbzeug Zwischenprodukte aus Kunststoff, zum Beispiel Rohre, Folien und Platten, die noch zum Endprodukt weiterverarbeitet (umgeformt) oder weiterbearbeitet werden.

Handling Kommt aus dem Englischen (to handle = handhaben).

Härter Ist die zweite notwendige chemische Komponente zur Auslösung der Vernetzungsreaktion der Prepolymeren, um Duroplaste oder Elastomere herstellen zu können.

Harz Reines ungeformtes Polymer (ohne Zusätze), auch gleichbedeutend mit duroplastischer Matrix.

Harzinjektionsverfahren Mit diesem Verfahren werden Formteile aus Harz in geschlossenen Werkzeugen hergestellt. In die Formteile sind Verstärkungsmaterialien eingelegt, das (katalysierte) Harz wird eingespritzt.

Heizwert Wird definiert als die Wärmemenge, die bei der Verbrennung von 1 kg festem, flüssigem oder 1 m^3 gasförmigen Brennstoff entsteht.

Heizzeit Zeit, die ein Elastomer- oder Duroplastformteil nach dem Einspritzvorgang im heißen Werkzeug verbringt, um die zur Formstabilität notwendige Vernetzungsdichte zu erhalten.

Hinterspritztechnik Sonderverfahren des Spritzgießens zur Herstellung dekorierter „Formteile".

Homogenität Gleichartigkeit, Einheitlichkeit, Gleichmäßigkeit.

Hydraulik Bezeichnet den Teil der Spritzgießmaschine oder anderen Kunststoffverarbeitungsmaschinen, der für den Transport, Speicherung und Verteilung der Hydraulikflüssigkeit zuständig ist. Sie besteht aus Pumpen, Rohrleitungen, Schläuchen, Ventilen und Zylindern.

Hydraulisch Mit dem Druck von Flüssigkeiten arbeitend („hydro" = Wasser).

Investition Langfristige Geldanlage zum Ersatz verbrauchter Produktionsmittel (Ersatzinvestition) und zur Beschaffung neuer Produktionsmittel (Neuinvestition).

Ionenaustauscher Anorganische und organische Stoffe, die ihre eigenen Ionen gegen andere austauschen können, ohne dadurch ihre Stabilität zu ändern. Sie werden z. B. zur Enthärtung (Entsalzung) von Wasser eingesetzt.

Isotropie Die Eigenschaften von Stoffen sind völlig richtungsunabhängig (isotrop), sprich in allen Richtungen gleich.

JIS Just In Sequence: die vom Zulieferer gefertigten Teile werden in der Reihenfolge/Sequenz geliefert, in der sie eingebaut werden.

JIT Just In Time: die vom Zulieferer gefertigten Teile werden zu genau dem Zeitpunkt an das Montageband geliefert, wenn sie eingebaut werden; dadurch werden Zwischenlager vermieden, die unnötige Kosten verursachen.

Kaskadenspritzgießen Ein Spritzgießsonderverfahren bei dem durch gezieltes, kaskadenförmiges Ansteuern von Heißkanaldüsen Bauteile mit langen Fließwegen unter Vermeidung von Bindenähten mit mehreren Angüssen hergestellt werden können.

Katalyse Katalyse bedeutet Auslösung, Beschleunigung oder Hemmung einer chemischen Reaktion durch Katalysatoren (katálysis = Auslösung). Ein Katalysator ist ein Stoff, der eine Reaktion auslöst, beschleunigt oder hemmt, ohne selbst verändert zu werden.

Kavität (Formnest) Wird der ein Formteil formende Hohlraum im Werkzeug genannt.

Kernzug	Werkzeugteil, das bei Hinterschneidungen oder seitlichen Bohrungen im Formteil von außen in den Werkzeughohlraum hineingefahren wird und vor dem Entformen wieder herausgezogen wird.
Kettenglied	Ist die sich ständig wiederholende Einheit in einem Makromolekül.
Kniehebel	Knieförmige Gelenkeinheit zum Schließen des Werkzeuges.
Kompressionszone (Verdichtungszone)	Bezeichnet einen Teil der Schnecke, in dem die Formmasse verdichtet wird, deshalb auch Verdichtungszone genannt.
Komprimieren	Verdichten, zusammenpressen.
Konkav	Nach innen gewölbt.
Konvex	Nach außen gewölbt.
Kristall	„Kristallos“ (griech.) bedeutet Eis, Quarz. Das sind Festkörper mit periodisch angeordneten Bausteinen, von ebenen Flächen begrenzt, ein Zustand sehr hoher Ordnung.
Kristallin	Aus zahlreichen sehr kleinen unvollkommen ausgebildeten Kristallen (Kristallite) aufgebaut.
Kristallitschmelztemperatur	Bei dieser Temperatur (T_K) schmelzen die kristallinen Bereiche eines teilkristallinen Thermoplasten auf.
Kühlzeit	Zeit, die ein Thermoplastformteil nach dem Einspritzvorgang im gekühlten Werkzeug verbringt, um durch Abkühlung die zur Entformung nötige Stabilität zu erhalten.
Laminar	Bezeichnet eine Strömung, die in Schichten ohne Turbulenzen fließt.
Losgröße	Bezeichnet die Anzahl von gleichen Teilen, Funktionsgruppen oder fertigen Produkten.
Lufteinschluss	Luft, die während des Einspritzvorganges beim Spritzgießen nicht entweichen kann und die von der Kunststoffschmelze eingeschlossen wird. Sie stellen eine Schwachstelle (reduzierte Festigkeit) dar.
Makromolekulare Stoffe	Bestehen aus fadenförmigen oder dreidimensionalen Großmolekülen mit mindestens 1000 Atomen. Dazu gehören auch eine Reihe von Naturstoffen wie Zellulose, Eiweißstoffe und Kautschuk.
Masterbatch	Ist ein Farbmittelkonzentrat in einem festen (Kunststoff) oder auch flüssigen Medium, das dem naturfarbenen Granulat beim Verarbeiter zugegeben wird.
Mehrkomponentenspritzgießen	Sonderverfahren des Spritzgießens, bei dem mindestens zwei oder mehrere Kunststoffe verarbeitet werden.

Meteringzone	Letzte Zone einer Schnecke, die das Material nochmals homogenisieren und gleichmäßig temperieren soll. Diese Zone verleiht der Schmelze den zur Überwindung der nachfolgenden Widerstände notwendigen Druck. Sie ist durchsatzbestimmend.
Molekül	Besteht aus mehreren miteinander verbundenen Atomen.
Molmassenverteilung	Die Makromoleküle eines Kunststoffs sind unterschiedlich lang. Aus der Molmassenverteilung kann man ablesen, wie oft ein Makromolekül einer bestimmten Länge (eines bestimmten Gewichts) vorkommt.
Monomer	Ist der Grundbaustein (griechisch: Einzelteil), aus denen sich die Makromoleküle zusammensetzen. Zum Beispiel ist Ethylen das Monomer des Polyethylens.
Multifunktional	Mehrere Funktionen werden in einem Bauteil vereint. Ein Beispiel: Das Kabel einer Deckenlampe trägt mechanisch den Lampenkörper und leitet die elektrische Energie, es übernimmt somit zwei unterschiedliche Funktionen.
Nachdruck	Fördert beim Spritzgießen Schmelze ins erstarrende Formteil. So wird die Volumenschwindung beim Erkalten des Spritzgussteiles vermindert und das Gefüge verdichtet. Der Nachdruck kann bis zu 2000 bar betragen.
Nebenvalenzkräfte	Sind zwischenmolekulare Kräfte, deren geringe Reichweite wenige Nanometer (das ist ein einmillionstel Millimeter) beträgt.
Orthotropie	Ist auch unter dem Begriff der orthogonalen oder rhombischen Anisotropie bekannt. Die Eigenschaften sind richtungsabhängig. Es besteht eine Symmetrie der Eigenschaften zu einem System von drei senkrecht aufeinander stehenden (orthogonalen) Ebenen.
Overmoulding	Additionsverfahren, bei denen die Kunststoffe über mind. zwei separate Angusssysteme ins Werkzeug eingespritzt werden. (deutsch: Überspritzen)
Petro-Chemie	Sammelbegriff für großtechnische Synthesen der Chemie, die sich vom Erdöl (englisch = petrol) als Rohstoffgrundlage herleiten lassen.
Plastifizieren	Nennt man das Überführen von Kunststoffen in den thermoplastischen Zustand durch Wärmezufuhr. Wärme kann durch äußere Beheizung oder innere Reibung erzeugt werden.
Polarität (von Kunststoffen)	Die Ausbildung elektrischer Ladungsverteilungen innerhalb der Moleküle erzeugt unterschiedlich große Polaritäten.

Polyaddition	Eine chemische Reaktion, bei der die reaktionsfähigen Gruppen der Monomere unter Wanderung von Atomen oder Atomgruppen miteinander zu Polymeren reagieren.
Polykondensation	Chemische Reaktion zur Herstellung von Polymeren unter Abspaltung eines Nebenprodukts (z. B. Wasser, CO_2).
Polymere	Lange Molekülketten werden aus Monomeren gebildet. Die Monomeren finden sich als wiederkehrende Einheit in der Kette („poly“, griechisch = viele Teile).
Polymerisation	Bezeichnet eine chemische Reaktion, bei der aus Monomeren unter Auflösung der Doppelbindungen (C=C) Polymere entstehen.
Polyolefine	Bezeichnet eine Gruppe von Kunststoffen, die nur aus den Elementen C oder H aufgebaut sind. Es sind dies zum Beispiel Polyethylen (PE) und Polypropylen (PP), die zu den meist gebrauchten Standardkunststoffen zählen.
Prozessrechner	Die Steuerung bzw. Regelung der Einflussgrößen (Parameter) wird heutzutage vielfach durch Computer übernommen. Ein Prozessrechner ist solch ein Computer, der frei programmiert werden kann und aufgrund seiner eingebauten Mess- und Ausgabeeinheiten anhand des Programms selbständig Entscheidungen für den Prozess der Steuerung bzw. Regelung durchführen kann.
Pyrolyse	Nennt man die thermische Zersetzung chemischer Verbindungen.
Quasiisotrop	Nahezu gleiche Eigenschaften in alle Richtungen.
Raffination	Reinigung und Veredelung von Naturstoffen und technischen Produkten (Zucker, Erdöl o. Ä.). Die Raffination findet in einer Raffinerie statt.
Recycling	Ist die Wiederverwertung von Rohstoffen. So werden z. B. Angüsse von Spritzgussteilen recycelt, indem man sie zu Granulat verarbeitet und wieder dem Spritzgießprozess zuführt.
Rohstoff	Rohmaterial, ein natürlich vorkommender Ausgangsstoff (z. B. Kohle, Erze, Holz, Felle, Baumwolle, aber auch Wasser und Luft) für ein handwerkliches oder industrielles Erzeugnis. Während des Fertigungsprozesses entsteht das Zwischenprodukt (Halbfabrikat), daraus werden die Fertigwaren (Fabrikat) gemacht.
Sandwichspritzgießen	Sonderverfahren des Spritzgießens, bei dem mindestens zwei Werkstoffe ineinander gespritzt werden und so ein Sandwichaufbau entsteht.

Scherung – Beim Plastifizieren und Einspritzen werden die Formmasseteilchen mit unterschiedlicher Geschwindigkeit bewegt, d. h. die einzelnen Partikel reiben aneinander. Diesen Vorgang beim Spritzgießen nennt man Scherung.

Scherwärme – Entsteht durch Umwandlung mechanischer Energie in Wärme. Diese Umwandlung erfolgt im Plastifizierzylinder z. B. durch Reibung der Granulatkörner untereinander, an der Schnecke und an der Zylinderwand, beim Zerkleinern und Zerquetschen der Körner und schließlich durch innere Reibung in der Schmelze während des Plastifizierens und Einspritzens.

Schließkraft – Ist die Kraft, die notwendig ist, um die Schließbewegung des Werkzeugs zu ermöglichen.

Schmelze – Aufgeschmolzene Formmasse.

Schmelztemperaturbereich – Ist der Temperaturbereich, bei der ein festes Material in einen flüssigen Zustand übergeht.

Schneckenplastifizierung – Die Formmasse wird durch die Schnecke homogenisiert, d. h. alle Bestandteile sollen gleichmäßig miteinander vermischt werden. Außerdem soll die Formmasse vor Beginn des Einspritzens gleichmäßig temperiert sein.

Schussvolumen – Nennt man das vom Spritzkolben bzw. von der Schubschnecke schussartig in das Werkzeug gespritzte Formmassevolumen.

Schwimmhaut – Gelangt plastische Masse in die Formtrennfläche, so spricht man von der Entstehung von „Schwimmhäuten“ oder Graten.

Schwindung – Bezeichnet eine Volumenverringerung (Volumenkontraktion). Übliche Werte liegen je nach Kunststoff bei 0,2 bis 2 %.

Selbstlöschend – Bezeichnet ein Materialverhalten, wobei ohne weitere äußere Energiezufuhr ein Brand zum Beispiel eines Kunststoffs von selbst erlöscht.

Siegelpunkt – Zeitpunkt, an dem die Formmasse im Angusskanal so weit erstarrt ist, dass kein Fließen mehr stattfindet.

SPC – Statistical Process Control: statistische Erfassung von Prozessdaten zur Beurteilung der Qualität eines Produktes

Spritzdruck – Der Druck, der von der Schnecke beim Einspritzvorgang in das Werkzeug auf die Formmasse aufgebracht wird.

Spritzgießzyklus – Der Spritzgießzyklus ist die zeitliche Summe aller Vorgänge in der Spritzgießmaschine, die nötig sind, um ein Teil herzustellen.

Spritzprägen Sonderverfahren des Spritzgießens, bei dem in ein noch teilgeöffnetes Werkzeug eingespritzt wird und anschließend durch vollständiges Schließen des Werkzeuges die Schmelze verprägt wird.

Stabilisatoren Chemische Zusätze, die einen Kunststoff gegen bestimmte Einflüsse widerstandsfähiger machen, wie z. B. gegen UV-Strahlung, Wärme, Oxidation, Witterung.

Standardabweichung Ist ein Maß dafür, wie stark die Einzelwerte einer Stichprobe (zum Beispiel eine Messreihe) vom Mittelwert abweichen.

Statistik Wissenschaftliche Methode zur zahlenmäßigen Erfassung von Bestands- und Größenveränderungen sowie zur Berechnung von Wahrscheinlichkeiten.

Staudruck In der Formmasse wirkender Druck, gegen den die Schnecke während der Dosierzeit fördert.

Steg Um den Schneckenkern windet sich schraubenförmig der Steg.

Stegflanke Die vordere Stegflanke ist die dem Einfülltrichter zugewandte Flanke des Stegs einer Schnecke. Die hintere Stegflanke ist die der Schneckenspitze zugewandte, die Formmasse treibende Flanke des Steges.

Steuerung Sie übernimmt die Koordination der Bewegungsabläufe einer Maschine und ist meist in einem getrennten Schaltschrank neben der Maschine untergebracht.

Streubereich Zufallsstreubereich, aus mehreren Stichproben eines Merkmals hochgerechneter Bereich, in dem mit großer Wahrscheinlichkeit alle weiteren Messwerte liegen werden.

Synthese Aufbau chemischer Verbindungen aus den Elementen oder einfacher gebauten Grundchemikalien zu neuen Stoffen (griechisch = zusammenstellen).

Terminal Bezeichnet eine Endeinrichtung, die an einen Computer angeschlossen ist und besteht aus Tastatur und Bildschirm. Neuere Spritzgießmaschinen sind mit Bildschirm und Tastatur ausgestattet, über die die Spritzgießmaschine bedient und überwacht werden kann.

Thermoplaste Nicht vernetzte Kunststoffe, die schmelzbar und löslich sind. Bezeichnet eine Kunststoffgruppe. Sie werden unterteilt in amorphe und teilkristalline Thermoplaste. Letztere weisen kristalline und amorphe Bereiche auf.

Thermoplastschaumspritzgießen Sonderverfahren des Spritzgießens zur Herstellung von Formteilen mit zelliger Innenstruktur und glatter Oberfläche

Trennebene Bezeichnet die Ebene, in der das Spritzgießwerkzeug beim Öffnen getrennt wird. Bei komplizierten Werkzeugen sind oft zusätzliche Trennebenen einzubauen.

Unidirektional Ausgerichtet in eine Richtung.

Verbundspritzgießen Sonderverfahren des Spritzgießens, bei dem mindestens zwei Materialien aneinander gespritzt werden.

Verfahrensmechaniker Bezeichnung für eine Gruppe von technisch gewerblichen Berufen. Im Kunststoffbereich heißt die Berufsbezeichnung *Verfahrensmechaniker für Kunststoff- und Kautschuktechnik* (früher *Kunststoff-Formgeber* und *Kunststoffschlosser* sowie *Gummi- und Kunststoffauskleider*).

Vernetzung Ist die Verknüpfung von Kunststoffmolekülen durch Hauptvalenzen zu einem meist dreidimensionalen Netzwerk. Eine Vernetzung kann bei geeigneten Kunststoffen chemisch auch durch Zusatz entsprechender brückenbildender Moleküle erfolgen.

Verschlussdüse Düse mit verschließbarem Kanal.

Viskoelastisch Bezeichnet den Zustand eines Körpers, der sowohl elastisch (Hooke'scher Körper) als auch viskos (Newton'scher Körper) ist.

Viskosität Sie ist ein Maß für den Fließwiderstand oder die Zähigkeit einer Flüssigkeit. Je höher die Viskosität, desto höher der Fließwiderstand und desto zäher die Flüssigkeit.

Vulkanisieren Vulkanisieren bezeichnet den chemischen Vernetzungsprozess, der dem Gummi seine Formbeständigkeit und Elastizität verleiht.

Wandhaftung Strömt ein Fluid an einer Wand vorbei, so ist die Strömungsgeschwindigkeit der wandnächsten Teilchen gleich Null, sie haften an der Wand.

Wasserinjektionstechnik Sonderverfahren des Spritzgießens, bei dem zunächst ein Polymer in das Werkzeug eingespritzt wird und anschließend durch Injektion von Wasser ein Hohlraum ausgebildet wird.

Weichmacher Sind Substanzen, die Weichmachung bewirken. Weichmachen bedeutet physikalisch: Verschiebung der Einfriertemperatur (T_E) von hochpolymeren Werkstoffen nach niedrigen Werten, im allgemeinen unter Raumtemperatur. Dadurch wird aus einem festen, spröden Stoff ein dehnbarer, gummielastischer Stoff (bei Raumtemperatur).

Widerstandsbeheizung Ein elektrischer Strom fließt durch Widerstandsdrähte und erwärmt diese. Dieses Verfahren wird z. B. angewandt im Plastifizierbereich des Zylinders.

Wirbelschicht-verfahren
Staubförmiges oder feinkörniges Gut (z. B. Quarzsand) kann mit aufsteigenden Gasen bei einer bestimmten, charakteristischen Strömungsgeschwindigkeit so aufgewirbelt werden, dass das System in vielen Eigenschaften einer Flüssigkeit ähnelt. Bei der Kunststoff-Pyrolyse ermöglicht das Verfahren eine rasche Wärmeübertragung und die Durchführung des Prozesses in geschlossenen Reaktoren.

Zellulose
Ist das am häufigsten auftretende Kohlenhydrat. Baumwolle, Jute, Flachs, Hanf sind fast reine Zellulose. Die einzelnen Moleküle sind Makromoleküle, die aus etwa 2 Glucoseresten (Glucose = Traubenzucker) bestehen. Holz besteht zu etwa 60 % aus Zellulose.

Zentrisch
In der Mitte befindlich, mittig.

Zersetzungs-temperatur
Die Temperatur (T_Z), ab der ein Material durch chemische Zersetzung zerstört wird.

Zuhaltekraft
Bezeichnet die Kraft, die benötigt wird, um das Werkzeug während des Füllens, der Nachdruckphase oder der Härtephase (bei Duroplasten) zu verschließen.

Zyklus
Bezeichnet einen meist aus mehreren Abschnitten bestehenden Vorgang, der sich mehrfach wiederholen kann (zum Beispiel Spritzgießzyklus).

14 Anhang

Ausgewählte Literatur

Altstädt V./Mantey A.	Thermoplast-Schaumspritzgießen. Carl Hanser Verlag, München 2010
Baur E./Osswald T./ Rudolph N./Brinkmann S./ Schmachtenberg E.	Saechtling – Kunststoff Taschenbuch. Carl Hanser Verlag, München 2013 (31. Auflage)
Brandrup J./Menges G./ Bittner M./Michaeli W.	Die Wiederverwertung von Kunststoffen. Carl Hanser Verlag, München 2001
Carlowitz B.	Kunststoff-Tabellen. Carl Hanser Verlag, München 1995 (4. Auflage)
DIN EN 201	Deutsche Fassung der europäischen Norm für Kunststoff- und Gummimaschinen. Spritzgießmaschinen. Sicherheitsanforderungen. Februar 2010, Normenausschuss Maschinenbau (NAM) im DIN – Deutsches Institut für Normung e. V.
DIN EN ISO 10218	Deutsche Fassung der internationalen Norm für Industrieroboter. Sicherheit. Januar und Juni 2012, Normenausschuss Maschinenbau (NAM) im DIN Deutsches Institut für Normung e. V.
Domininghaus H.	Kunststoffe – Eigenschaften und Anwendungen. Springer Verlag, Berlin-Heidelberg-New York 2012, erweiterte Ausgabe (Hg. Eyerer P./Elsner P./Hirth T.)
Ehrenstein G. W.	Mit Kunststoffen konstruieren. Carl Hanser Verlag, München 2007 (3. Auflage)
Frank A.	Kunststoff-Kompendium. Vogel Verlag, Würzburg 2011 (7. Auflage)
Hellerich W./Harsch G./ Haenle S.	Werkstoff-Führer Kunststoffe. Carl Hanser Verlag, München 2010 (10. Auflage)
Hopmann C./Michaeli W.	Einführung in die Kunststoffverarbeitung. Carl Hanser Verlag, München 2015 (7. Auflage)

Hopmann C./Michaeli W./ Greif H./Wolters L.	Technologie der Kunststoffe. Carl Hanser Verlag, München 2015 (4. Auflage)
Jaroschek C.	Spritzgießen für Praktiker. Carl Hanser Verlag, München 2013 (3. Auflage)
Johannaber F.	Kunststoff-Maschinenführer. Carl Hanser Verlag, München 2004 (5. Auflage)
Johannaber F./Michaeli W.	Handbuch Spritzgießen. Carl Hanser Verlag, München, 2004 (2. Auflage)
Kaiser W.	Kunststoffchemie für Ingenieure. Carl Hanser Verlag, München 2015 (4. Auflage)
Lehder G.	Taschenbuch Arbeitssicherheit. Erich Schmidt Verlag, Bielefeld 2011 (12., neubearbeitete Auflage), begründet von R. Skiba
Menges G./Haberstroh E./ Michaeli W./Schmachtenberg E.	Werkstoffkunde Kunststoffe. Carl Hanser Verlag, München 2011 (6. Auflage)
Menges G./Michaeli W./ Mohren P.	Anleitung zum Bau von Spritzgießwerkzeugen. Carl Hanser Verlag, München 2007 (6. Auflage)
Schwarz O./Ebeling F. W.	Kunststoffkunde. Vogel Verlag, Würzburg 2007 (9. Auflage)
Schwarz O./Ebeling F. W./ Furth B.	Kunststoffverarbeitung. Vogel Verlag, Würzburg 2009 (11., überarbeitete Auflage)
Steinko W.	Optimierung von Spritzgießprozessen. Carl Hanser Verlag, München 2007
Stoeckhert K./ Woebcken W.	Kunststoff Lexikon. Carl Hanser Verlag, München 2007 (9. Auflage)
Unger, P.	Gastrow – Der Spritzgießwerkzeugbau in 130 Beispielen. Carl Hanser Verlag, München, 2006 (6. neubearbeitete Auflage).

15 Lösungen

Antworten zu den Erfolgskontrollen

Lektion 1

1 Elastomere
2 schmelzbar
3 glasklar
4 amorpher
5 Polycarbonat
6 stark vernetzt
7 größer
8 PA
9 Zähflüssigkeit
10 steigt
11 Urform
12 thermoplastisch

Lektion 2

1 Schließeinheit
2 in Schließrichtung wirkende Fläche
3 113
4 1000
5 projizierte Fläche
6 2000
7 nebeneinander

Lektion 3

1 Einspritzen
2 Granulat
3 gleichmäßig
4 innere Reibung
5 Meteringzone
6 Verschlussdüsen
7 Rückströmsperren

Lektion 4

1 Kavität
2 konisch
3 Filmanguss
4 Heißkanal
5 Schwindung
6 1 bis 2 %
7 Verzug
8 niedrigere
9 geheizt
10 entformt
11 Öl
12 Trennebene
13 Auswerferstifte
14 Schirmanguss

Lektion 5

1 hydraulischen
2 Kniehebelschließeinheit
3 niedriger
4 Hydraulikkolben
5 Fläche
6 I = kleiner, II = größer
7 4900

Lektion 6

1 hydraulische; elektrische
2 Hydromotoren
3 Pumpe
4 Ventilen
5 ein Mikrorechner
6 I = Druckventil, II = Sperrventil
7 Hydrauliköl

Lektion 7

1 Entformen
2 geöffnet
3 Düse
4 Nachdruckphase
5 Siegelpunkt
6 niedriger
7 wenig
8 zum Quadrat
9 darf nicht
10 Kühlphase
11 mittels Handhabungsgerät

Lektion 8

1 Fertigungsunterlagenerstellung
2 Abkühlen
3 „Kräfte aufnehmen“
4 Füllverhalten
5 ab
6 schnell
7 linear

Lektion 9

1 höhere
2 Stabstelle
3 Produktqualität
4 früher
5 optische
6 Fehlern
7 Mittelwert (*x*)
8 50
9 produzieren

Lektion 10

1 Energie und Rohstoffe
2 kleiner
3 sortenrein
4 möglich
5 der Flaschenkasten
6 PE
7 auch hohe
8 erleichtert
9 wertvolle
10 wiederverwerten

Lektion 11

1 Gasinjektionstechnik
2 Hinterspritztechnik
3 unter 100 bar
4 Sequenzverfahren
5 niedrigere
6 Mehrrohstoff-Spritzgießen
7 niedrigere
8 Additionsverfahren
9 Montage-Spritzgießen
10 PIT

Index

S

T

U

V

W

Z